Band 18 · November 1982

11

isotopenpraxis

AKADEMIE-VERLAG

ISSN 0021—1915 Isotopenpraxis, Berlin 18 (1982) 11, 373—408

EVP 9,— M 32036

An unsere Autoren

Die Zeitschrift veröffentlicht Beiträge zu folgenden Themen: Kontrolle und Analyse radioaktiver und stabiler Isotope, Anwendung radioaktiver und stabiler Isotope in allen Gebieten der Forschung und Technik der Industrie, Landwirtschaft und Medizin, Herstellung radioaktiver und stabiler Isotope sowie von markierten Verbindungen, kernelektronische Geräte für die Isotopenanwendung (Dickenmesser, Dichtemesser u. ä.) Detektoren für isotopentechnische Arbeiten und den Strahlenschutz in Isotopenlaboratorien, Meßtechnik und Strahlenschutz, Dosimetrie in Isotopenlaboratorien, kerntechnische Geräte für die Isotopenanwendung (Beton, Bestrahlungsanlagen u. ä.), Strahlenchemie, Radiochemie, ökonomische und perspektivische Fragen, Fragen der Weiterbildung.

1. Aufnahme von Manuskripten

Zur Veröffentlichung angenommen werden nur druckreife, noch nicht anderweitig publizierte Beiträge in deutscher, englischer oder russischer Sprache zum Themenbereich der Zeitschrift und zwar

Originalarbeiten
Kurze Originalmitteilungen
Aus der Praxis
Zusammenfassende Berichte
Tagungsberichte
Informationen.

Sind der Beitrag oder Teile daraus bereits veröffentlicht oder ist eine anderweitige Veröffentlichung vorgesehen, so muß dies der Redaktion mit genauer Angabe der Zweitveröffentlichung mitgeteilt werden. Mit der Annahme des Manuskriptes behält sich der Verlag das Recht der Vervielfältigung, Verbreitung und Übersetzung innerhalb der gesetzlichen Schutzfrist vor. Auszugsweiser Nachdruck oder photomechanische u. a. Wiedergabe sind an eine schriftliche Genehmigung des Verlages gebunden. Manuskripte, Zeichnungen und Photos von veröffentlichten Arbeiten werden nur auf den besonderen und bis zum Zeitpunkt der Veröffentlichung mitgeteilten Wunsch des Autors zurückgesandt.
Bei der unverlangten Einreichung von Manuskripten wird empfohlen, eine Befürwortung eines der Herausgeber oder Redaktionsausschußmitglieder beizufügen.
Manuskripte sind einzureichen bei der Redaktion, DDR-1086 Berlin, Leipziger Str. 3–4.

2. Form der Manuskripte

Die Autoren werden gebeten:
2 Manuskripte, eines davon in Original-Maschinenschrift, einseitig und mit 2zeiligem Abstand einzureichen; gut leserliche Photokopien sind zulässig; auf dem 1. Blatt (unter Weglassung der Bezeichnung)

den Titel der Arbeit
Vorname-Initialen und Namen sämtlicher Autoren
gegebenenfalls die Institution, in der sie tätig sind
eine kurze Zusammenfassung der Arbeit von höchstens 15 Zeilen
Keywords in alphabetischer Reihenfolge und
als Fußnote die Anschrift der Institution anzugeben;

wenn möglich auf gesonderten Blättern Namen, Titel der Arbeit und Zusammenfassung in den beiden anderen obengenannten Sprachen 2fach beizufügen;
Literaturhinweise (fortlaufend numeriert), Fußnoten, Tabellen, Abbildungen (in 2–3facher Veröffentlichungsgröße), Abbildungsunterschriften (getrennt von den Abbildungen, mit Zeichenerklärungen, Quellenangaben, falls erforderlich, und gegebenenfalls mit einem Vermerk für besondere Wünsche bezüglich der Abbildungsgröße), private und Dienstanschrift der Verfasser mit akademischen Titeln und ausgeschriebenen Vornamen auf besonderen Blättern ans Ende des Manuskriptes zu stellen;
Wünsche für den Kolumnentitel (Seitenüberschrift) bekanntzugeben;
Absätze durch Einzüge von mindestens 3 Anschlägen kenntlich zu machen;
die Maßeinheiten des SI-Systems ("Système International") zu verwenden;
Korrekturen im Manuskript unmittelbar an der zu korrigierenden Stelle anzubringen;
Formeln deutlich lesbar und möglichst groß einzutragen;
Farbabbildungen und nachträgliche Änderungen oder Ergänzungen in Abbildungen zu vermeiden;
hervorzuhebende Textstellen zu unterstreichen, und zwar halbfetten Satz mit einer geraden schwarzen Linie, kursiven Satz (Schrägschrift) mit einer blauen Wellenlinie (alle Eigennamen). Sperrungen gestrichelt;
besondere Buchstaben durch farbige Unterstreichung zu kennzeichnen, und zwar Formelzeichen in

Griechisch-Kursiv ($\alpha, \beta, \ldots$) rot,
Kursiv ($A, B, \ldots$) blau
halbfetter Kursiv ($\boldsymbol{A}, \boldsymbol{B}, \ldots$) 2 Linien blau (Vektoren),
halbfetter Grotesk (**A**, **B**, ...) 2 Linien violett (Tensoren);

bei Literaturangaben auf Vollständigkeit zu achten. In nachstehender Reihenfolge müssen angegeben sein:

a) bei *Zeitschriften*: Vorname-Initialen und Namen sämtlicher Autoren Titel der Zeitschrift (nach „Periodica Chimica" oder möglichst wenig gekürzt), Bandnummer (unterstrichen), Jahreszahl (in Klammern), Heftnummer (nur bei Zeitschriften, die jedes Heft mit S. 1 beginnen) sowie die Seitenzahl, auf der die zitierte Arbeit beginnt.

b) bei *Büchern*: Initialen der Vornamen und Name des Autors (Herausgeber werden durch den Zusatz „ed." gekennzeichnet), voll ausgeschriebener Titel des Buches in der Originalsprache, evtl. Bandnummer, voll ausgeschriebener Name des Verlages, Nummer der Auflage (außer der ersten), Erscheinungsort(e), Erscheinungsjahr (hier nicht in Klammern setzen!) und evtl. Kapitelnummer, Seitenzahl u. ä.

c) bei *Sammelbänden, Tagungsberichten*: Es soll zusätzlich der Titel des zitierten Beitrags angegeben werden. Die Seitenzahl muß unbedingt angegeben werden. Aus dem Zitat muß hervorgehen, ob es sich um einen Tagungssammelband oder um einen noch nicht veröffentlichten Vortrag handelt. Zwischen Tagungsort und Erscheinungsort des entsprechenden Tagungsberichts ist zu unterscheiden.

3. Korrekturen

Der Autor erhält zwei Umbruchabzüge, von denen einer möglichst schnell korrigiert an die Redaktion zurückgereicht werden soll. Auf Wunsch des Autors kann die Korrektur auch von der Redaktion gelesen werden.
Durch nachträgliche Manuskriptänderungen verursachte Korrekturkosten gehen, sofern sie 10% der Satzkosten übersteigen zu Lasten des Autors.
Der Autor erhält 50 Sonderdrucke kostenlos. Weitere Sonderdrucke können bis zur Rückgabe der Korrekturabzüge auf Kosten des Autors bei der Redaktion bestellt werden.

Bezugsmöglichkeiten

Bestellungen sind zu richten

- **in der DDR** an den Postzeitungsvertrieb unter Angabe der Kundennummer des Bestellenden oder an den AKADEMIE-VERLAG, DDR-1086 Berlin, Leipziger Straße 3–4, PF-Nr. 1233
- **im sozialistischen Ausland** an eine Buchhandlung für fremdsprachige Literatur oder an den zuständigen Postzeitungsvertrieb
- **in der BRD und Berlin(West)** an eine Buchhandlung oder an die Auslieferungsstelle KUNST UND WISSEN, Erich Bieber OHG, D-7000 Stuttgart 1, Wilhelmstraße 4–6
- **in den übrigen westeuropäischen Ländern** an eine Buchhandlung oder an die Auslieferungsstelle KUNST UND WISSEN, Erich Bieber GmbH, CH-8008 Zürich, Dufourstraße 51
- **im übrigen Ausland** an den Internationalen Buch- und Zeitschriftenhandel; den Buchexport, Volkseigener Außenhandelsbetrieb der Deutschen Demokratischen Republik, DDR-7010 Leipzig, Postfach 160; oder an den AKADEMIE-VERLAG, DDR-1086 Berlin, Leipziger Straße 3–4

Zeitschrift „Isotopenpraxis"

Herausgeber: Im Auftrag des Akademie-Verlages herausgegeben von Prof. Dr. Justus Mühlenpfordt
Verlag: Akademie-Verlag, DDR-1086 Berlin, Leipziger Straße 3–4; Fernruf: 2236221 oder 2236229; Telex-Nr.: 114420;
Bank: Staatsbank der DDR, Berlin, Kto.-Nr.: 6836-26-20712
Verantwortlich für den Inhalt des Heftes: Prof. Dr. H. Hübner, Leipzig
Anschrift der Redaktion (Fernruf Frau H. Schier: 6351177) der Zeitschrift Isotopenpraxis: Akademie-Verlag, DDR-1086 Berlin, Leipziger Str. 3–4, PF-Nr. 1233
Veröffentlicht unter der Lizenznummer 1527 des Presseamtes beim Vorsitzenden des Ministerrates der Deutschen Demokratischen Republik
Gesamtherstellung: VEB Druckerei „Thomas Müntzer", DDR-5820 Bad Langensalza
Erscheinungsweise: Die Zeitschrift „Isotopenpraxis" erscheint monatlich. Die 12 Hefte eines Jahrganges bilden einen Band. Bezugspreis je Band 180,– M zuzüglich Versandspesen (Preis für die DDR 108,– M) Preis je Heft 15,– (Preis für die DDR 9,– M)
Bestellnummer dieses Heftes: 1079/18/11

AN (EDV) 12831

ISOTOPENPRAXIS

Band 18 (1982) Heft 11, S. 373—408

Redaktion und Verlag: Akademie-Verlag, Redaktion Isotopenpraxis, 1086 Berlin, Leipziger Straße 3—4

Inhaltsverzeichnis

Originalarbeiten

G. Kleinstäuber, U. Wendling

Rationelle Kalibrierung von Neutronensonden bei der radiometrischen Wassergehaltsbestimmung

Isotopenpraxis 18 (1982) H. 11, S. 373 bis 378
4 Abb., - Tab., 24 Lit.

Die entscheidende Voraussetzung für den Einsatz von Neutronensonden zur Wassergehaltsbestimmung ist die Existenz einer Kalibrierbeziehung. Erst über sie kann aus der relativen Impulsrate der Neutronensonde der Wassergehalt der untersuchten Substanz bestimmt werden. Bei der praktischen Durchführung der radiometrischen Wassergehaltsbestimmung ist die benötigte Kalibrierbeziehung häufig Änderungen unterworfen. Die vorgestellte Methode gestattet unter Benutzung eines sogenannten Kalibrierbehälters eine im Vergleich zu konventionellen Verfahren rationelle Erstellung der aktuellen Kalibrierbeziehung mit hinreichender Genauigkeit. Ein Anwendungsbeispiel aus der meßtechnischen Praxis wird für die vorgestellte Methode angegeben.

K.-H. Berger, G. Will

Das Spektrometer 20050 — ein Strahlungsmeßgerät mit Mikrorechner

Isotopenpraxis 18 (1982) H. 11, S. 379 bis 386
11 Abb., - Tab., - Lit.

Es wird das Spektrometer 20050 aus dem VEB Robotron-Meßelektronik „Otto Schön" Dresden vorgestellt, ein Strahlungsmeßgerät mit Mikrorechner Robotron K 1520. Einzelne Schaltungsdetails und Bemerkungen zur Software dienen zur weiteren Erläuterung.

A. Magrini, S. Di Luzio, M. Guerrisi, G. Izzo

Kriterium für die optimale Auswahl von Radioisotopen für den Einsatz in klinischen „in vivo"-Untersuchungen (*in Englisch*)

Isotopenpraxis 18 (1982) H. 11, S. 386 bis 389
2 Abb., 1 Tab., 4 Lit.

Ein „a priori"-Kriterium für eine optimale Auswahl von Radioisotopen eines Elements für den Einsatz bei klinischen „in vivo"-Untersuchungen wird vorgestellt. Unter Berücksichtigung der absorbierten Dosis und der Meßgenauigkeit wird eine „Gütekennzahl" definiert, um die Kenndaten der verschiedenen radioaktiven Isotope eines Elements zu vergleichen. Die Bedeutung der Untersuchungsdauer und der durchschnittlichen Tiefe des zu untersuchenden Organs werden quantitativ eingeschätzt, so daß für jede Art von Untersuchung eine „Selektionskarte" angefertigt werden kann. So werden z. B. 7 radioaktive Jodisotope im Zusammenhang mit Schilddrüsen-Aufnahmeuntersuchungen verglichen. Die Ergebnisse stimmen mit denen anderer Autoren, die die Kenndaten verschiedener radioaktiver Jodisotope hinsichtlich ihrer Anwendung beim Menschen ausgewertet haben, überein.

M. Mielcarski, E. Molenda

Zusammensetzung und Ionisationsausbeute von Plutonium-239-haltigen Glasuren

Isotopenpraxis 18 (1982) H. 11, S. 389 bis 395
9 Abb., 6 Tab., 7 Lit.

Es wurde die Abhängigkeit zwischen der Ionisationsausbeute von Plutonium-239-haltigen Glasuren und der Zusammensetzung der glasurerzeugenden Phase untersucht. Gewisse Funktionsabhängigkeiten wurden bestimmt, und man stellte fest, daß die Einführung mancher Oxidkomponenten in die Glasur einen über zweifachen Anstieg der Ionisationsausbeute pro Flächeneinheit, bei gleichem Gehalt des radioaktiven Bestandteiles, ermöglicht. Für ausgewählte, sich durch einen

Contents

Articles

G. Kleinstaeuber, U. Wendling

Rational Calibration of Neutron Probes Used for Radimetric Determination of Water Content

Isotopenpraxis 18 (1982) No. 11, p. 373 to 378
4 Fig., - Tab., 24 Ref.

The essential prerequisite for the use of neutron probe for the determination of water content is the availability of a calibration reference standard. It renders possible to determine the water content of the substance to be investigated by the relative pulse rate of the neutron probe. When radiometric determination of water content is practically performed, the calibration reference standard is subject to frequent changes. The presented method providing the use of a so-called calibration vessel ensures rational performance of the actual calibration reference standard with sufficient accuracy when compared with conventional methods. The presented method is characterized by an example of use in practical measurement.

K.-H. Berger, G. Will

The 20050 Spectrometer — a Radiation Meter with Microcomputer

Isotopenpraxis 18 (1982) No. 11, p. 379 to 386
11 Fig., - Tab., - Ref.

The 20050 Type Spectrometer made by VEB Robotron-Messelektronik "Otto Schoen", of Dresden, is presented as a radiation meter equipped with a Robotron K 1520 microcomputer. For explanation purpose, some circuitry details and remarks on software are provided.

A. Magrini, S. Di Luzio, M. Guerrisi, Guido Izzo

A Criterion for Optimal Choice of Radioisotopes Used in Clinical Studies "in vivo" (*in Englisch*)

Isotopenpraxis 18 (1982) No. 11, p. 386 to 389
2 Fig., 1 Tab., 4 Ref.

A general "a priori" criterion is given for an optimal choice of the radioisotopes of an element to be used in clinical studies "in vivo". Taking into account the absorbed dose and the precision of the measurements, a "merit figure" is defined in order to compare the performances of different radioisotopes of an element. The roles played by the duration of the investigation and the mean depth of the investigated organ are quantitatively assessed, thus enabling a "selection map" to be set up for each type of study. As an example, 7 radioisotopes of iodine are compared for uptake studies of the thyroid. Results are in agreement with those of other authors who have evaluated the performances of different radioiodines in man.

M. Mielcarski, E. Molenda

Composition and Ionization Yield of Glazes Containing ^{239}Pu

Isotopenpraxis 18 (1982) No. 11, p. 389 to 395
9 Fig., 6 Tab., 7 Ref.

The interdependence between the ionization yield of glazes containing plutonium-239 and the composition of glazing phases was investigated. While certain functional dependences were determined it was found out that with equal content of the radioactive component in the glazes the introduction of some oxide components renders possible to achieve

maximalen Ionisationsanstieg kennzeichnende Glasuren, wurden Energiespektren der emittierten Strahlung gemessen. In der Diskussion der Ergebnisse wurde versucht, den Mechanismus der beobachteten Erscheinung zu erklären.

double ionization yield per area unit. The energy spectra of emitted radiation were measured with regard to glazes characterized by maximum increase of ionization. The results were discussed trying to explain the mechanism of phenomena observed.

O P. D. Noronha, K. S. Venkateswarlu

Über die Natur von Technetium-Verbindungen
Teil II: Technetium-Xenobiotika: Lage und biologisches Verhalten von Urin-Technetium-Metaboliten (*in Englisch*)

Isotopenpraxis 18 (1982) H. 11, S. 396 bis 400
– Abb., 3 Tab., 12 Lit.

Die Urin-Metaboliten, die aus Technetium-Verbindungen, d. h. aus Verbindungen mit verschiedenen Liganden gewonnen wurden, wurden mit Hilfe der Papierchromatographie analysiert, außerdem wurden sie durch Gewebeverteilungsuntersuchungen an Ratten biochemisch untersucht, um das biologische Verhalten der entsprechenden Technetium-Metabolite festzustellen. Die gewonnenen Daten zeigen, daß die meisten dieser Verbindungen einer chemischen Umwandlung unterworfen waren, deren Grad hauptsächlich von der Art der jeweiligen Verbindung abhing. Das einfache Anion TcO_4^- wurde unverändert ausgeschieden oder nur in sehr begrenztem Umfang verändert.

O P D. Noronha, K. S Venkateswarlu

On the Nature of Technetium Compounds
Part 2: Technetium Xenobiotics: The Disposition and Biological Fate of Urinary Technetium Metabolites (*in English*)

Isotopenpraxis 18 (1982) No. 11, p. 396 to 400
– Fig , 3 Tab., 12 Ref.

The urinary metabolites obtained from Tc-compounds, compounds with different ligands were subjected to paperchromatographic analysis and also bioanalyzed by performing tissue distribution studies in rats to investigate the biological fate of the respective Tc-metabolites. The data obtained shows that most of these compounds were biotransformed, the degree of biotransformation depending mainly on the respective compound. The simple anion, TcO_4^-, was found to be excreted unchanged or changed only to a very limited extend.

Kurze Originalmitteilungen

L. Kaden, B. Lorenz, M. Wahren

Komplexkatalyse mit Technetiumverbindungen
Hydrierung von Alkenen und Hydridokomplexe des Technetiums

Isotopenpraxis 18 (1982) H. 11, S. 400 bis 403
– Abb., 3 Tab., 20 Lit.

Letters to the Editor

L. Kaden, B. Lorenz, M. Wahren

Homogeneous Catalysis Using Technetium Complexes
Hydrogenation of Alkenes and Preparation of Hydrido-Technetium Complexes

Isotopenpraxis 18 (1982) No. 11, p. 400 to 403
– Fig., 3 Tab., 20 Ref.

Informationen

Isotopenpraxis 18 (1982) H. 11, S. 403 bis 404

Information

Isotopenpraxis 18 (1982) No. 11, p. 403 to 404

Buchbesprechungen

Isotopenpraxis 18 (1982) H. 11, S. 404 bis 408

New Books

Isotopenpraxis 18 (1982) No. 11, p. 404 to 408

Rationelle Kalibrierung von Neutronensonden bei der radiometrischen Wassergehaltsbestimmung

G. Kleinstäuber, U. Wendling

(AdL der DDR, Forschungszentrum für Bodenfruchtbarkeit Müncheberg, Bereich Jena[1]); Meteorologischer Dienst der DDR, Forschungsinstitut für Agrarmeteorologie[2]))

Die entscheidende Voraussetzung für den Einsatz von Neutronensonden zur Wassergehaltsbestimmung ist die Existenz einer Kalibrierbeziehung. Erst über sie kann aus der relativen Impulsrate der Neutronensonde der Wassergehalt der untersuchten Substanz bestimmt werden. Bei der praktischen Durchführung der radiometrischen Wassergehaltsbestimmung ist die benötigte Kalibrierbeziehung häufig Änderungen unterworfen. Die vorgestellte Methode gestattet unter Benutzung eines sogenannten Kalibrierbehälters eine im Vergleich zu konventionellen Verfahren rationelle Erstellung der aktuellen Kalibrierbeziehung mit hinreichender Genauigkeit. Ein Anwendungsbeispiel aus der meßtechnischen Praxis wird für die vorgestellte Methode angegeben.

Keywords

calibration; moisture gages; neutron moisture meters; soils

1. Einführung

Die radiometrische Bodenfeuchtemessung auf der Grundlage der Neutronenbremsung und -streuung ist heute auch international in den verschiedensten Zweigen der Volkswirtschaft, wie z. B. in der Landwirtschaft, in der Meteorologie, in der Geophysik und nicht zuletzt im Bauwesen die am häufigsten angewendete Methode der Wassergehaltsbestimmung. So hat sie beim Meteorologischen Dienst der DDR für die Beratung der verschiedensten Disziplinen der Wirtschaft auf Grund von Messungen im Netz meteorologischer Stationen und für die Wasserhaushaltsforschung in der Landwirtschaft außerordentliche Bedeutung. Voraussetzung für den Einsatz von Neutronensonden zur radiometrischen Wassergehaltsbestimmung ist dabei stets die Existenz einer Kalibrierbeziehung. Sie gibt den unter definierten Bedingungen ermittelten Zusammenhang zwischen relativer Impulsrate I_n/I_{no} der Neutronensonde (I_n = absolute Impulsrate, I_{no} = Kontrollimpulsrate) und Wassergehalt w der zu untersuchenden Substanz wieder. Im allgemeinen ist diese Kalibrierbeziehung von Sonde zu Sonde verschieden. Vom Anwender muß eine solche Kalibrierbeziehung stets dann neu erstellt werden, wenn, unabhängig von der Ursache, eine Abweichung der Kontrollimpulsrate von zulässigen Grenzen vorliegt. Bei einer solchen Abweichung wird die bestehende Kalibrierbeziehung trotz Betrachtung relativer Impulsraten unbrauchbar (Abb. 1). Das gleiche kann auch zutreffen, wenn eine Konstanz des Wertes der Kontrollimpulsrate einfach durch Veränderung der Verstärkungs- und Pegeleinstellung im Diskriminatorbaustein erzwungen wird.

Abweichungen in der Kontrollimpulsrate liegen nahezu immer dann vor, wenn einer der im folgenden aufgeführten, bei der praktischen Durchführung der radiometrischen Wassergehaltsbestimmung häufig auftretenden Fälle gegeben ist:

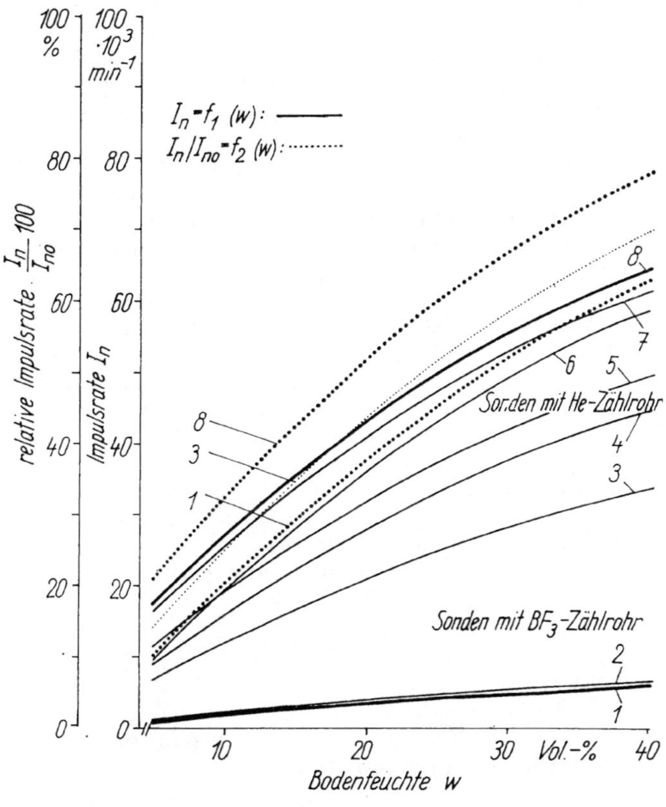

Abb. 1. Kalibrierdiagramm verschiedener Neutronensonden[3]) (Sondierrohr: Stahl 28 mm × 5 mm, Erdstoff: bindig)
1 – S-23 Nr. 063, I_{no} = 9430 min^{-1}; 2 – Nr. 059, I_{no} = 10610 min^{-1}; 3 – S-23/1 Nr. 078, I_{no} = 48315 min^{-1}; 4 – Nr. 081, I_{no} = 60978 min^{-1} 5 – Nr. 080, I_{no} = 64613 min^{-1}; 6 – Nr. 100, I_{no} = 86000 min^{-1}; 7 – Nr. 082, I_{no} = 79004 min^{-1}; 8 – Nr. 077, I_{no} = 82633 min^{-1}

– Einbeziehung von Neutronensonden mit noch fehlender Kalibrierbeziehung in ein laufendes Wassergehaltsmeßprogramm (z. B. bei Erweiterung des Sondenbestandes durch Neuanschaffung oder bei Ersatz ausgefallener Sonden);
– Reparatur der Neutronensonde (z. B. Austausch des Zählrohres bzw. des Impulsverstärkers in der Sonde);

Anschriften: [1]) Jena, Naumburger Str. 98a; [2]) 4020 Halle, Am Donnersberg 12

[3]) Die Kalibriermessungen wurden vom IfI Dresden der Bauakademie der DDR durchgeführt

- Eingriffe bzw. Veränderungen am radiometrischen Meßplatz (z. B. Austausch des Impulszählers oder des externen Diskriminatorbausteins);
- Langzeitveränderungen der Parameter des radiometrischen Meßplatzes.

Für all diese Fälle wäre eine Vorrichtung wünschenswert, mit der in einfacher Weise die bestehende Kalibrierbeziehung nachgeprüft und gegebenenfalls neu erstellt werden kann. Eine solche Vorrichtung existiert bisher noch nicht.

In den genannten Fällen mußte die Kalibrierbeziehung daher immer nach einem der bekannten Verfahren, der Behälter- oder Standortkalibrierung, individuell für jede einzelne Sonde neu erstellt werden.

Die Behälterkalibrierung [2, 3, 8, 10, 15–23] erfolgt mit dem am vorgesehenen Standort der Bodenfeuchtebestimmung entnommenen und künstlich in Wassergehalt und Dichte veränderten Boden gemäß standardisierter Verfahren [16]. Bei der Standortkalibrierung [1–15] wird der natürliche Zustand des Bodens am Standort für die Ermittlung der Kalibrierbeziehung ausgenutzt. Beide Verfahren sind sehr arbeits- und zeitaufwendig. Im Hinblick auf eine möglichst rationelle Erstellung der jeweils aktuellen Kalibrierbeziehung von Neutronensonden war es dringend erforderlich, eine Methode zu entwickeln, mit der der bei Anwendung herkömmlicher Verfahren nicht zu umgehende Kalibrieraufwand erheblich gesenkt wird. Diese Methode und die dazu erforderliche Vorrichtung werden im folgenden vorgestellt.

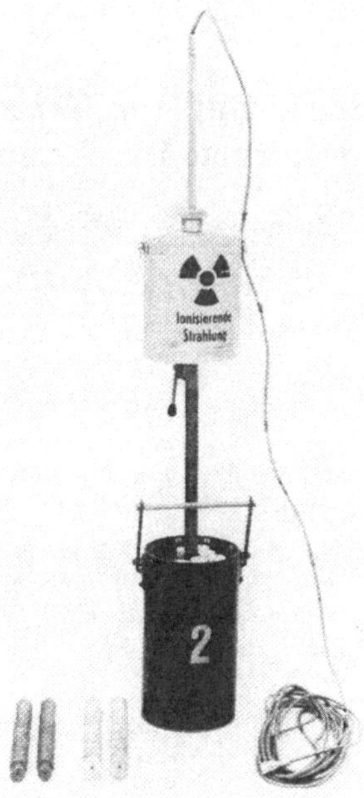

Abb. 2. Kalibrierbehälter

2. Methode der rationellen Neuermittlung der Kalibrierbeziehungen von Neutronensonden

Für die Anwendung der Methode ist ein sogenannter Kalibrierbehälter (Abb. 2) erforderlich. Bei diesem Behälter können mittels Stäben aus Moderatormaterial (z. B. Miramid) den Wassergehalt des jeweiligen Meßgutes simulierende Zustände eingestellt werden. Im Behälter sind um ein zentrisches Führungsrohr für die Neutronensonde radial in zwei Abständen je vier Führungsrohre für diese Stäbe angeordnet. Sämtliche Zwischenräume zwischen Außenwand und Führungsrohren sind mit Paraffin ausgegossen. Das Moderatormaterial wirkt auf Grund seines hohen Wasserstoffgehaltes auf die schnellen Neutronen ein und simuliert damit die durch den Wassergehalt des Meßgutes, z. B. des Bodens, bedingte Abbremsung der Neutronen auf thermisches Niveau. Wird durch das Variieren der Anzahl der Moderatorstäbe nicht der gesamte Schwankungsbereich des Wassergehaltes erfaßt, kann eine Simulation sehr niedriger Werte des Wassergehaltes durch das Einführen von Stäben aus Absorbermaterial (z. B. PVC) vorgenommen werden. Diese Stäbe bewirken eine Verminderung der Anzahl thermischer Neutronen. Demzufolge steigt die Impulsrate mit der Zahl der eingeführten Moderatorstäbe, dagegen wird sie durch die Absorberstäbe reduziert. Damit sind die Impulsraten so weit variierbar, daß jeder praktisch relevante Wassergehaltsbereich vollständig überdeckt werden kann.

Im Hinblick auf eine einfache Handhabung der Methode ist diese zusammengefaßt in einer Übersicht dargestellt:

Übersicht

Methode für die Korrektur bzw. Neuermittlung der Kalibirerbeziehungen von Neutronensonden bei Änderung der Kontrollimpulsrate I_{no} (schematisch)

	Kalibrierbeziehung der n-Sonde – Sonde im Boden –	Fixierbeziehung der n-Sonde – Sonde im Kalibrierbehälter –
Zustand des radiometrischen Meßplatzes zur Zeit $t = t_0$	Ausgangskalibrierbeziehung	Ausgangsfixierbeziehung: Fixierung des Zustandes des rad. Meßplatzes zum Zeitpunkt der Ermittlung der Ausgangskalibrierbeziehung
	Regressionsfkt.: $I_n/I_{no} = f_{10}(w)$, ϱ_f = Parameter	Regressionsfkt.: $I_n/I_{no} = f_{20}(\nu)$, ν = Anzahl der eingeschobenen Kalibrierstäbe $\nu > 0$: Moderatormaterial $\nu < 0$: Absorbermaterial

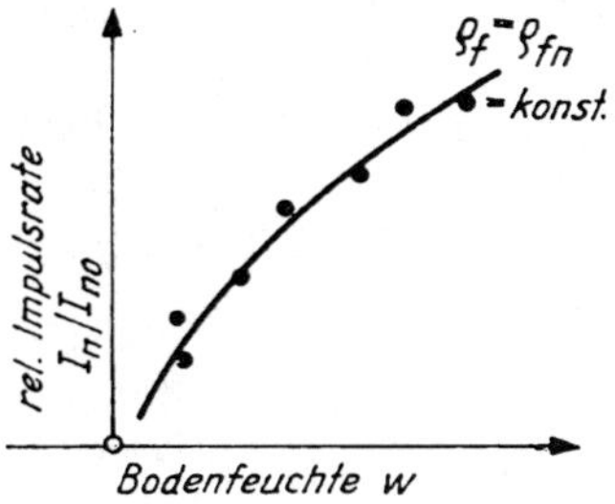

→ Ermittlung durch Kalibrierung der betreffenden Sonde im jeweiligen Boden (Behälter-, Standortkalibrierung)

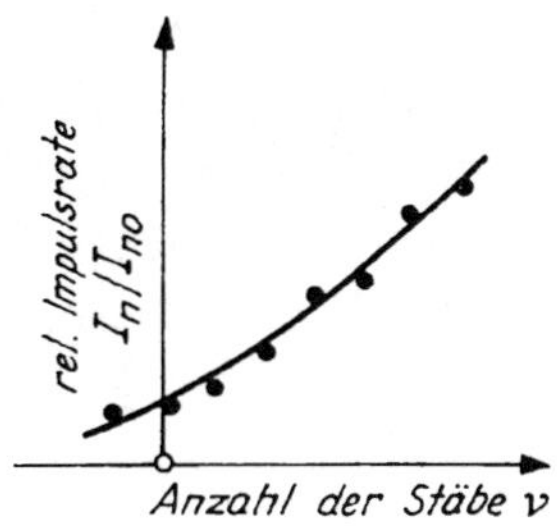

→ Ermittlung durch Kalibrierung der betreffenden Sonde im Kalibrierbehälter (Variation der eingeschobenen Moderator- (Miramid) bzw. Absorberstäbe (PVC))

graphische Zuordnung der zu den jeweiligen Kalibrierstäben gehörenden Impulsraten zu Bodenfeuchtewerten im Ausgangskalibrierdiagramm

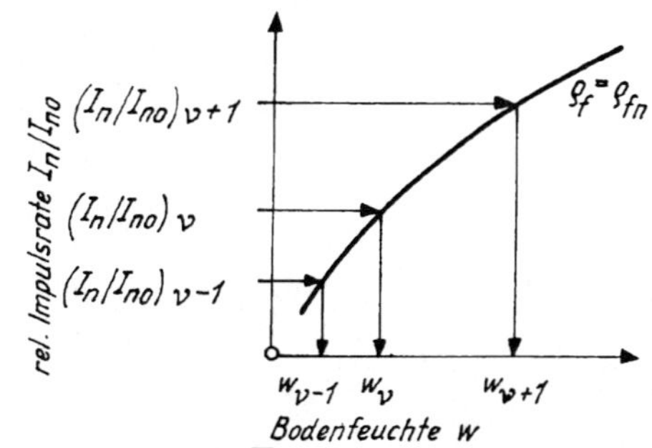

Zuordnung der zu den jeweiligen Kalibrierstäben gehörenden Bodenfeuchtewerte

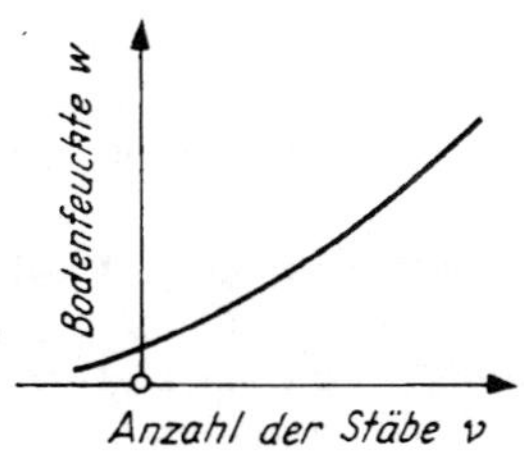

Veränderter Zustand des radiometrischen Meßplatzes zur Zeit $t = t_1$ (→ Veränderung der Kontrollimpulsrate u. a. nach Reparatur bzw. bei Anschaffung neuer Sonden)

Fixierung des veränderten Zustandes des rad. Meßplatzes
Regressionsfkt.:
$I_n/I_{no} = f_{21}(\nu)$

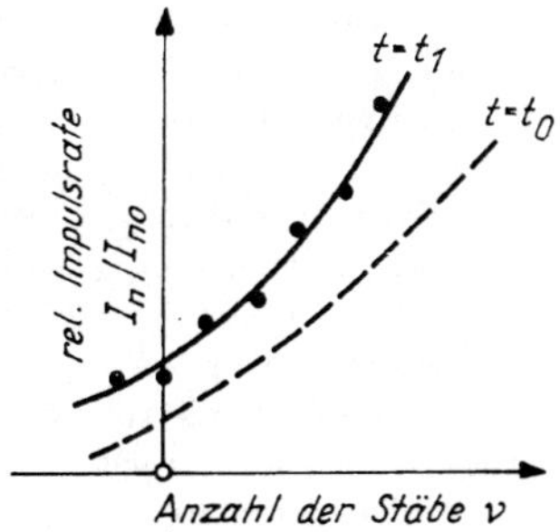

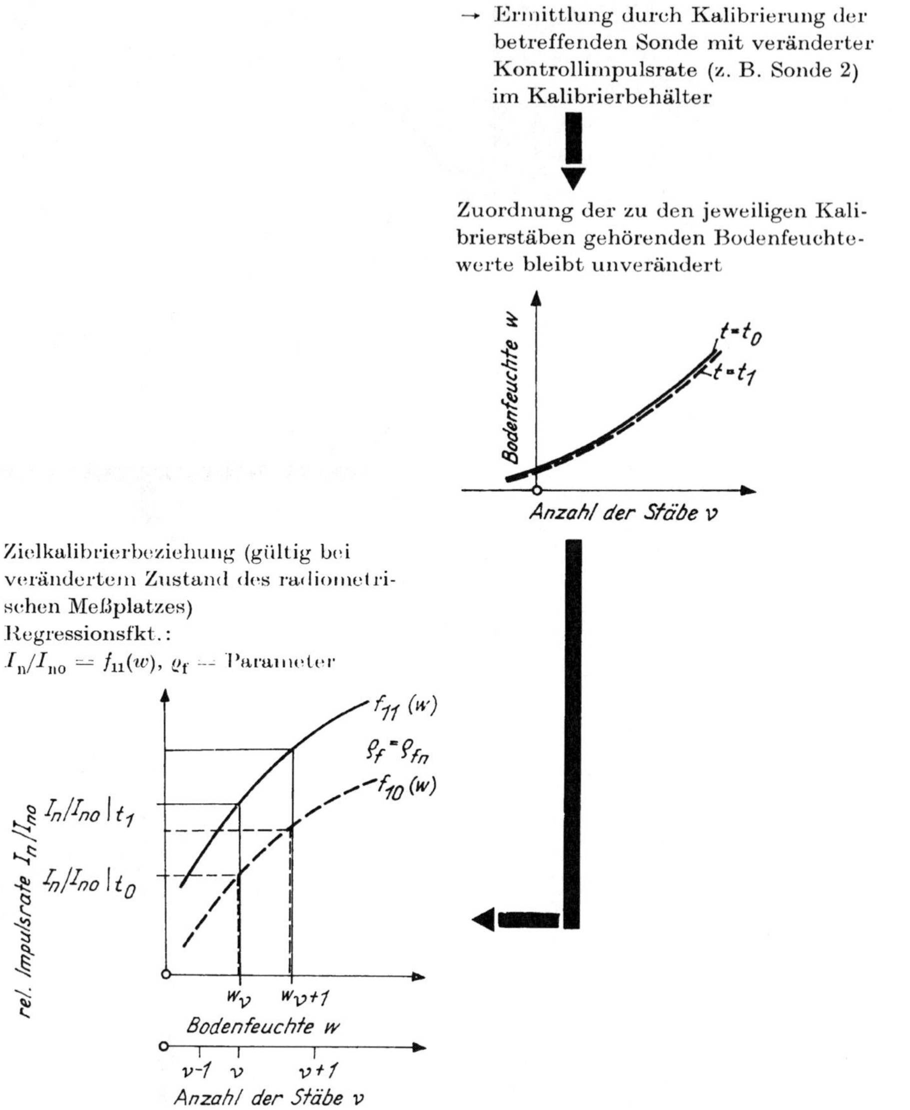

Korrektur der Beschriftung an der Ordinate: Statt t_1 bzw. t_0 lies νt_1 bzw. νt_0

Für die Ermittlung der veränderten Kalibrierbeziehung, im folgenden „Zielkalibrierbeziehung" genannt, wird eine bekannte, ursprünglich gültige und nach den genannten herkömmlichen Verfahren ermittelte Kalibrierbeziehung, die „Ausgangskalibrierbeziehung", verwendet. Dazu ist es erforderlich, den Zustand des radiometrischen Meßplatzes einschließlich der Neutronensonde zum Zeitpunkt der Ermittlung dieser Ausgangskalibrierbeziehung zu fixieren. Die Ermittlung einer solchen „Ausgangsfixierbeziehung" erfolgt unter Benutzung des Kalibrierbehälters, indem durch Einführung von Kalibrierstäben bezüglich Neutronenbremsung und -streuung definierte und stets reproduzierbare Zustände eingestellt werden können. Damit lassen sich die zum Zeitpunkt der Ausgangskalibrierung gültigen relativen Impulsraten der betreffenden Neutronensonde bei diesen Zuständen bestimmen. Diese relativen Impulsraten entsprechen dann den gemäß Ausgangskalibrierbeziehung bestimmten festen Wassergehalten. Auf diese Weise werden die eingestellten Zustände des Kalibrierbehälters fest mit bestimmten Wassergehalten des untersuchten Materials gekoppelt.

Bei Veränderung des radiometrischen Meßplatzes als Folge oben genannter Ursachen werden auch bei der neu zu kalibrierenden Neutronensonde wiederum die denselben Zuständen des Kalibrierbehälters entsprechenden relativen Impulsraten bestimmt. Diese Impulsraten weichen von den ersten ab. Die Zuordnung der Zustände zu den Wassergehaltswerten bleibt dagegen unverändert. Die gewonnenen neuen Wertpaare (rel. Impulsrate — Wassergehalt) stellen die Stützstellen für die regressive Berechnung der Zielkalibrierbeziehung dar.

3. Anwendungsbeispiele

Als Beispiel soll die Anwendung der vorgestellten Methode für den Fall behandelt werden, daß während eines laufenden Meßprogramms eine weitere Neutronensonde mit noch unbekannter Kalibrierbeziehung in dieses Programm einbezogen wird. Aus anwendungstechnischen Gründen kam in diesem Meßprogramm eine besondere Sondierrohr-Kombination aus PVC- und Stahlrohr zum Einsatz, die aber für die vorgestellte Methode nicht relevant ist. Bereits vorhanden sei die Neutronensonde vom Typ

S-23/1 Nr. 078[4]), eine Sonde mit He-Zählrohr und einer Kontrollimpulsrate von $I_{no} \approx 5 \cdot 10^4\ \text{min}^{-1}$.

Die Sonde S-23 Nr. 013[4]) mit BF_3-Zählrohr sei diejenige, mit der zusätzlich gemessen werden soll. Neutronensonden mit BF_3-Zählrohr haben im Vergleich zu solchen mit He-Zählrohr niedrigere Impulsraten (Abb. 1); demzufolge unterscheiden sich beide Sondentypen auch in ihren Kalibrierbeziehungen quantitativ ganz erheblich voneinander. Bei der Sonde S-23 Nr. 013 liegt I_{no} bei ca. $10^4\ \text{min}^{-1}$.

Von der Sonde S-23/1 Nr. 078 existiert die durch Behälterkalibrierung arbeits- und zeitaufwendig erstellte Ausgangskalibrierbeziehung. Sie wird im allgemeinen durch quasilineare Regression aus den Wertesätzen der Messung bestimmt. Entsprechend dem gewählten Regressionsansatz liegt diese Beziehung dann im Ergebnis der Rechnung als eine Fläche verkörpernde Funktion mit den Variablen Bodenfeuchte w (in Vol.-%) und Feuchtrohdichte des Bodens ϱ_f (in g cm^{-3}) vor:

$$I_n/I_{no} = F_{10}(w, \varrho_f) = f(w, w^2, w^3, \varrho_f, \varrho_f^2, w\varrho_f) \qquad (1)$$

In dieser Beziehung können einzelne Einflußgrößen entfallen, wenn deren Regressionskoeffizienten nicht signifikant von Null verschieden sind. Legt man durch die berechnete Fläche Schnitte jeweils für ϱ_f = konst., erhält man als Ausgangskalibrierdiagramm

$$F_{10}(w, \varrho_f)|_{\varrho_f = \text{konst.}} = f_{10}(w); \; \varrho_f = \varrho_{fn} \qquad (2)$$

eine Kurvenschar mit der Feuchtrohdichte ϱ_f als Parameter. Gleichzeitig mit der Aufnahme der Ausgangskalibrierbeziehung wurde unter Benutzung des vorgestellten Kalibrierbehälters die Ausgangsfixierbeziehung ermittelt. Wieder kann aus den Wertesätzen der Messung und dem gewählten Ansatz die Regressionsfunktion angegeben

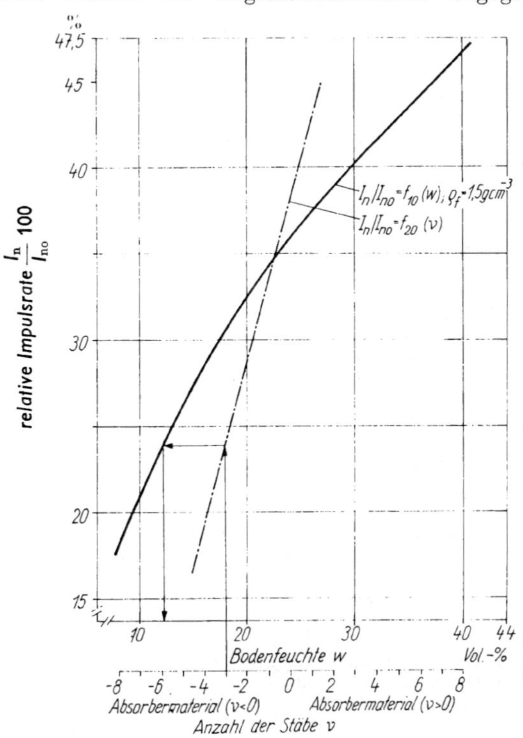

Abb. 3. Ausgangskalibrierbeziehung $I_n/I_{no} = f_{10}(w)$ und Ausgangsfixierbeziehung $I_n/I_{no} = f_{20}(\nu)$
Neutronensonde: Typ S-23/1 Nr. 078; Sondierrohr-Kombination: PVC 75 mm × 2 mm/Stahl 28 mm × 5 mm; Erdstoff: Löß-Fahlerde, Lö4
Korrektur (unten rechts): Statt *Absorber*material lies *Moderator*material.

[4]) Hersteller: Institut für Industriebau Dresden der Bauakademie der DDR

werden

$$I_n/I_{no} = f_{20}(\nu) = f(\nu, \nu^2); \qquad \nu = \text{ganze Zahl} \qquad (3)$$

wobei ν die Anzahl der eingeschobenen Kalibrierstäbe aus Moderator- ($\nu > 0$) bzw. Absorbermaterial ($\nu < 0$) darstellt. Auch in diesem Falle werden die Regressionskoeffizienten auf statistische Sicherheit geprüft, so daß sich der statistisch gesicherte Ansatz aus einer Reduktion des gewählten Ansatzes ergeben kann (Abb. 3). Mit Aufnahme der Ausgangsfixierbeziehung wurde der Zustand des radiometrischen Meßplatzes zum Zeitpunkt der Erstellung der Ausgangskalibrierbeziehung eindeutig fixiert. An Hand dieser beiden zur Zeit des Ausgangszustandes des radiometrischen Meßplatzes ermittelten Beziehungen läßt sich auch eine Zuordnung von Bodenfeuchtewerten zu der jeweiligen Anzahl der im Kalibrierbehälter befindlichen Kalibrierstäbe aus Moderator- bzw. Absorbermaterial vornehmen (Abb. 3). Diese Zuordnung muß für jede im Ausgangskalibrierdiagramm enthaltene Kurve konstanter Feuchtrohdichte $\varrho_f = \varrho_{fn}$ getrennt vorgenommen werden.

Wird nun die Sonde S-23 Nr. 013 in das Meßprogramm einbezogen, kommt dies einer Veränderung des radiometrischen Meßplatzes gleich. Der veränderte Zustand wird wieder unter Zuhilfenahme des Kalibrierbehälters durch Aufnahme der veränderten Fixierbeziehung ermittelt. So wie sich die Kalibrierbeziehung dieser Sonde von der Ausgangskalibrierbeziehung unterscheidet, so weicht auch ihre Fixierbeziehung von der Ausgangsfixierbeziehung ab. Die Zuordnung Bodenfeuchtewerte — Anzahl der Kalibrierstäbe, wie sie bei der Fixierung des Ausgangszustandes ermittelt wurde, bleibt von der Zustandsänderung des radiometrischen Meßplatzes unberührt, so daß nun die Bestimmung der unbekannten Kalibrierbeziehungen, also der Zielkalibrierbeziehungen, der Sonde S-23 Nr. 013 erfolgen kann. Die für diese Sonde bei der jeweiligen Anzahl von Kalibrierstäben ermittelten relativen Impulsraten einerseits und die diesen Stäben je nach Feuchtrohdichte ϱ_f zugeordneten unveränderten Bodenfeuchtewerte stellen die neuen Wertesätze für die regressive Berechnung der Zielkalibrierbeziehungen für die einzelnen Feuchtrohdichten $\varrho_f = \varrho_{fn}$ dar:

$$I_n/I_{no} = f_{11}(w) = f(w, w^2; w^3); \qquad \varrho_f = \varrho_{fn} \qquad (4)$$

Wieder kann sich der statistisch gesicherte Ansatz durch Reduktion des gewählten Ansatzes ergeben.

Die Zielkalibrierbeziehungen für die Sonde S-23 Nr. 013 wurden für die Feuchtrohdichten $\varrho_f = 1{,}3$ g cm^{-3}, 1,5 g cm^{-3} und 2,0 g cm^{-3} ermittelt. Damit lagen die Zielkalibrierdiagramme für den gesamten Bereich der bei der Bodenform am Einsatzort (Löß-Fahlerde) unter praktischen Bedingungen vorkommenden Feuchtrohdichte vor.

Zum Vergleich wurden für die Sonde S-23 Nr. 013 im gleichen Bereich der Feuchtrohdichte die Kalibrierbeziehungen auch durch aufwendige Behälterkalibrierung ermittelt.

In Analogie zur Ermittlung der Ausgangskalibrierbeziehung für die Sonde S-23/1 Nr. 078 wurden auch sie durch quasilineare Regression gemäß Gl. (1) aus den Wertesätzen der Messung berechnet. Gleichzeitig damit erfolgte auch die Berechnung der zugehörigen Vorhersagegrenzen bei einer Irrtumswahrscheinlichkeit (α) = 5% für die einzelnen Beobachtungswerte der relativen Impulsrate, die bei den einzelnen Feuchtewerten w_k ermittelt werden können (Vorhersagegürtel) (Abb. 4a, b, c).

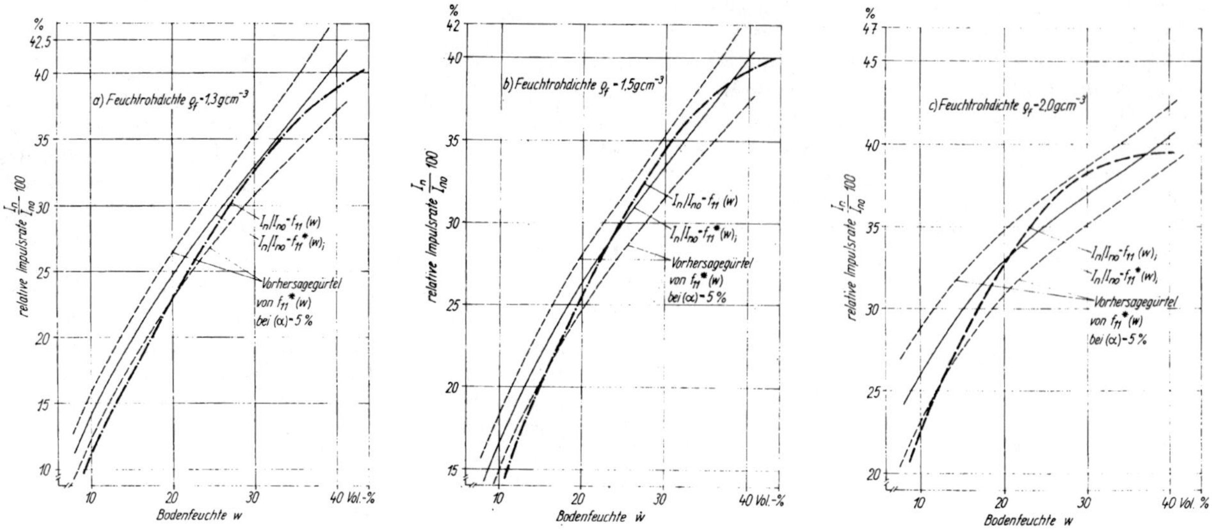

Abb. 4. Vergleich der Zielkalibrierbeziehung $I_n/I_{n0} = f_{11}(w)$ mit der durch Behälterkalibrierung ermittelten Beziehung $I_n/I_{n0} = f_{11}^*(w)$
Neutronensonde: Typ S-23 Nr. 013; Sondierrohr-Kombination: PVC 75 mm × 2 mm/Stahl 28 mm × 5 mm; Erdstoff: Löß-Fahlerde, Lö4

Der Betrag der Abweichung zwischen Zielkalibrierbeziehung und der durch Behälterkalibrierung ermittelten Beziehung betrug in der Mitte des angegebenen Bereichs der Feuchtrohdichte maximal 1 Vol.-% und im gesamten Bereich im ungünstigsten Falle 2 Vol.-%. Die ermittelten Zielkalibrierbeziehungen lagen innerhalb des jeweiligen angegebenen Vorhersagegürtels mit Ausnahme bei sehr niedrigen Werten der Bodenfeuchte. Hier lag die Zielkalibrierbeziehung geringfügig außerhalb des Vorhersagegürtels.

Die Regressionsrechnungen wurden unter Benutzung des Programmpaketes Statistik des VEB Kombinat Robotron mit einem Rechner EC 1040[5]) vorgenommen.

4. Schlußbemerkungen

Mit dem vorgestellten Verfahren wird dem Anwender von Neutronensonden zur Wassergehaltsbestimmung ein Rationalisierungsmittel in die Hand gegeben, das es gestattet, die Genauigkeit der Wassergehaltsbestimmung auch beim Wirken diesbezüglich störender Einflüsse über ein Meßprogramm hinweg mit vertretbarem Aufwand zu gewährleisten. Solche die Genauigkeit beeinträchtigenden Einflüsse stellen vor allem sowohl die Störanfälligkeit des radiometrischen Meßplatzes, insbesondere die der Neutronensonden, als auch die oft notgedrungene Einbeziehung von Neutronensonden in ein laufendes Meßprogramm dar. Die vorgestellten Ergebnisse wurden auf den Beratungen des vom Institut für Industriebau Dresden der Bauakademie der DDR geleiteten Arbeitskreises „Meßunsicherheiten radiometrischer Verfahren" diskutiert und auf dem 7. Informationstag dieser Einrichtung im Februar 1981 vorgetragen. Verfahren und Vorrichtung wurden patentiert [24].

Eingegangen am 23. 9. 1981
Überarbeitete Fassung 27. 1. 1982

[5]) Für die Unterstützung bei der Durchführung der numerischen Rechnungen sei an dieser Stelle Herrn Dipl.-Math. *N. Kleekamp* vom Rechenzentrum der FSU Jena gedankt.

Literatur

[1] *E. L. Greacem, C. T. Mignett*, Austral. J. Soil Res. **17** (1979) 406
[2] *B. Schaecke, E. Schaecke*, Arch. Acker- u. Pflanzenbau u. Bodenkd. **23** (1979) 77
[3] *L. H. Stolzy, G. A. Cahoon*, Proc. Soil Sci. Soc. Amer. **24** (1957) 571
[4] *M. de Boodt, R. Hartmann, P. Demeester*, Landw. Forschung **21** (1968) 306
[5] *J. P. Bell, McCulloch*, Journal of Hydrology **7** (1969) 415
[6] *J. W. Holmes, S. A. Taylor, S. J. Richards*, Agronomy **11** (1967) 275
[7] *I. Buchmann*, Diss. Landw. Fak. Uni. Bonn 1969
[8] *U. Wendling*, Thaer-Archiv **11** (1967) 1105
[9] *A. Süss, O. Zehender, G. Schurmann*, Z. f. Acker- u. Pflanzenbau **125** (1967) 277
[10] *K. Unger*, Isotopenpraxis **1** (1965) 21
[11] *G. Felgner, M. Körschens, U. Wendling*, Arch. Acker- u. Pflanzenbau u. Bodenkd. **15** (1971) 941
[12] *K. Weise*, Thaer-Archiv **14** (1970) 233
[13] *J. Clausnitzer*, Arch. Acker- u. Pflanzenbau u. Bodenkd. **16** (1972) 539
[14] *R. Spengler*, Diss. Martin-Luther-Uni. Halle 1973
[15] *D. Schröder*, Z. f. Pflanzenernährung u. Bodenkd. **136** (1973) 103
[16] TGL 11461/08 1978
[17] *U. Schindler*, Arch. Acker- u. Pflanzenbau u. Bodenkd. **24** (1980) 553
[18] *W. Czeratzki*, Landw. Forschung **21** (1968) 292
[19] *J. Greilich, U. Wendling*, Arch. Acker- u. Pflanzenbau u. Bodenkd. **21** (1977) 319
[20] *C. Langner*, Landw. Forschung **21** (1968), 22. Sonderheft, 169
[21] *C. H. M. van Bavel*, J. Geophys. Res. **66** (1961) 4193
[22] *K. Unger*, Kernenergie **6** (1963) 465
[23] *J. E. Douglass*, Proc. Soil Sci. Soc. Amer. **30** (1966) 541
[24] *G. Kleinstäuber, U. Wendling*, Wirtschaftspatent WP G 01 N/223 833

Das Spektrometer 20050 — ein Strahlungsmeßgerät mit Mikrorechner

K.-H. Berger, G. Will

(VEB Robotron-Meßelektronik „Otto Schön“)[1])

Es wird das Spektrometer 20050 aus dem VEB Robotron-Meßelektronik „Otto Schön“ Dresden vorgestellt, ein Strahlungsmeßgerät mit Mikrorechner Robotron K 1520. Einzelne Schaltungsdetails und Bemerkungen zur Software dienen zur weiteren Erläuterung.

Keywords

gamma spectrometers; microprocessors; pulse amplifiers; pulse analyzers

1. Verwendungszweck

Das Spektrometer 20050 (Abb. 1) aus dem VEB Robotron-Meßelektronik „Otto Schön“ Dresden ist für die Einkanalspektrometrie in der kernphysikalischen Meßtechnik vorgesehen. Auf Grund seiner Vielseitigkeit findet das Spektrometer 20050 in den Isotopenlaboratorien der

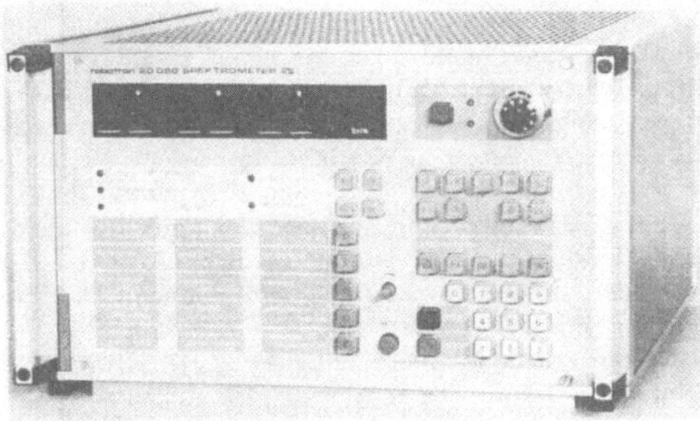

Abb. 1. Spektrometer 20050

Industrie, Biologie, Nuklearmedizin, Land- und Forstwirtschaft, Grundlagenforschung und im Schulwesen Anwendung. Alle Meßverfahren beruhen auf den Grundprinzipien:

- Messung der Strahlungsintensität und/oder
- Messung der Strahlungsenergie.

Zur Anpassung an die verschiedenen Meßaufgaben stehen unterschiedliche Strahlungsdetektoren zur Verfügung, wie

- Szintillationsdetektoren
- *Geiger-Müller*-Zählrohre
- Proportionalzählrohre
- Si(Li)-Halbleiterdetektoren.

Für die Registrierung der im Spektrometer 20050 verarbeiteten Meßergebnisse sind folgende Anschlußmöglichkeiten vorgesehen:

- Lochbandstanzer daro 1215 nach Kode sif 1000
- Meßwert-Druckersystem oder Serialisierungssystem (Lochbandausgabe) nach SI 1.2
- Streifendrucker G. 3287 (z. Z. in Entwicklung) nach SI 1.2
- Linienschreiber
- XY-Schreiber
- Sichtgerät 20060.

Für die Lochbandeingabe kann der Lochbandleser daro 1210 angeschlossen werden.

Die Verwendung eines Mikrorechners führt zu einem höheren Bedienkomfort und zu höheren Gebrauchseigenschaften:

- vorprogrammierte Betriebsarten
- rechnerische Ermittlung der Ergebnisse
- vielfältige mathematische Zusatzoperationen
- Spektrenmanipulationen
- zahlreiche Ergebnisdarstell- und Ausgabemöglichkeiten
- höhere Zuverlässigkeit.

Das Spektrometer ist als „verkleideter Einschub“ aufgebaut. Durch die Verkleidung wird der mechanische Innenaufbau, der aus standardisierten Einzelteilen des „Einheitlichen Gefäßsystems“ (EGS) besteht, an die Außenmaße des 19-Zoll-Systems angepaßt. Der Aufbau als „verkleideter Einschub“ gestattet einen leichten Zugang zum Inneren des Gerätes, was für Wartung und Reperatur von großem Vorteil ist.

2. Funktion

Die Verwendung des Mikrorechners K 1520 erfordert vom Anwender des Spektrometers 20050 eine Umgewöhnung. Während bei den Vorläufergeräten die Einstellung der Meßparameter über verschiedene Schalter und Einsteller vorgenommen wurde, erfolgt jetzt die Eingabe über eine Tastatur ähnlich der Bedienung eines Taschenrechners. Am Anzeigefeld ist dann die vorgenommene Einstellung abzulesen.

Der Mikrorechner K 1520 nimmt dem Bedienenden u. a. die Kontrolle über die Zulässigkeit der Einstellwerte ab. Er signalisiert sofort fehlerhafte Einstellungen wie Überschreiten des Einstellbereiches bei der Eingabe oder die Unzulässigkeit von Parametern, die sich beim Wechseln der Betriebsart aus vorangegangenen Parametereinstellungen ergeben kann. Vor Eingabe der Meßparameter ist eine Betriebsart zu wählen, weil dadurch automatisch die nicht benötigten Parameter blockiert werden (Dunkelschaltung der zugehörigen Anzeige).

[1]) Anschrift: 8012 Dresden, PSF 211

2.1. *Betriebsarten*

Der Ablauf der verschiedenen Betriebsarten ist im Gerät vorprogrammiert. Lediglich die Meßparameter (Verstärkungsfaktor, Kanalbreite, Pegel, Meßzeit, Impulsvorwahl, Meßbereiche für Ausgabe usw.) sind noch einzugeben, falls die bereits gespeicherten nicht wieder verwendet werden können. Folgende Betriebsarten sind vorgesehen:

- Z (Zählen)
  Ermittlung der Impulsdichte bei vorgewählter Impulszahl oder Meßzeit ohne oder mit Wiederholung.
- ZA (Zählen mit Meßabstand)
  wie Betriebsart Z, jedoch mit wählbarer Pausenzeit zwischen den Einzelmessungen und Speicherung der Meßwerte.
- I (Impulsdichtemessung)
  Ermittlung der Impulsdichte mit gleitender exponentieller Mittelwertbildung entsprechend einem analogen Impulsdichtemesser; die Integrationszeitkonstante ist einstellbar.
- SZ (Spektrometrie mit Zählen)
  Ermittlung der Impulsdichte bei stufenweisem Pegelvorschub in vorwählbaren Pegelstufen zur Aufnahme einer Impulshöhenverteilung („Energiespektrum") und Speicherung der Meßwerte.
- SI (Spektrometrie mit Impulsdichtemessung)
  Ermittlung der Impulsdichte bei quasi kontinuierlichem Pegelvorschub und einstellbarer Analysierzeit mit Speicherung der Meßwerte.
- DE (Dateneingabe)
  In dieser Betriebsart können Daten in den Speicher eingelesen werden (z. B. eine auf Lochband gespeicherte Impulshöhenverteilung zur weiteren Verarbeitung im Spektrometer 20050).
- PS (Parametersuche)
  Ermittlung des optimalen Verstärkungsfaktors so, daß das energiehöchste Maximum einer Impulshöhenverteilung bei ca. 80% des Analysierbereiches liegt.

Für die automatische Gerätekontrolle gibt es folgende Möglichkeiten:

- LT (Lampentest)
  Überprüfung der Funktionsfähigkeit aller Anzeigeelemente.
- K (Kontrolle)
  Automatische Kontrolle der wichtigsten Gerätefunktionen.

Die einstellbaren Parameter sind dem Abschnitt „Wichtige technische Daten des Spektrometers 20050" zu entnehmen.

2.2. *Meßwertausgabe*

Die Ausgabe der Meßdaten erfolgt teilweise automatisch. Andererseits sind auch bestimmte Ausgaben durch entsprechende Tastenbetätigungen zu veranlassen. Die Art der Ausgabe und ihre Auslösung hängen außerdem davon ab, in welchem Zustand das Gerät sich gerade befindet.

Während des Meßprogrammes wird am Ende jedes einzelnen Meßzyklus die Datenausgabe (sowohl digital als auch analog) sofort durchgeführt, so daß der Ablauf des Meßprogrammes an Druckbild (SI 1.2), Registrierstreifen (XY- oder Linienschreiber) oder Bildschirm (Sichtgerät 20060) direkt beobachtet werden kann.

Ausgegeben werden als Analogwerte die Impulsdichte (Y) und der Pegel bzw. die Meßzeit (X) und als digitale Werte

- Impulsdichte (absolut oder bezogen auf Vorgabewert)
- Standardabweichung
- Nummer des Meßzyklus
- Pegel
- Echtzeit.

Außerhalb eines Meßprogrammes ist in den Betriebsarten, die mit Speicherung arbeiten, die Ausgabe des Speicherinhaltes auf Lochstreifen im Kode sif 1000 (Taste DA), XY- oder Linienschreiber (Taste AA) oder Sichtgerät 20060 möglich. Durch Betätigen der Taste „GL" kann eine Glättung der aufgenommenen Kurven beliebig oft vorgenommen werden, um die statistischen Schwankungen zu verringern. Weiterhin besteht die Möglichkeit, die im Speicher befindlichen Daten weiter zu verarbeiten, wobei in der Betriebsart „ZA" die Halbwertszeit einer Abklingkurve und in den Betriebsarten „SZ" und „SI" die Lage und Impulsdichte der einzelnen Maxima der Impulshöhenverteilung ermittelt werden (Taste „EE"). Diese Manipulationen können selbstverständlich in gleichem Maße mit Impulshöhenverteilungen vorgenommen werden, die über Lochstreifen in das Gerät eingelesen wurden.

Als besonderer Vorteil beim Arbeiten mit dem Spektrometer 20050 erweist sich die Anschlußmöglichkeit für das Sichtgerät 20060. Durch die graphische Darstellung der Zeitverläufe in der Betriebsart „ZA" oder der Impulshöhenverteilungen in den Betriebsarten „SI" und „SZ" während der Messungen kann das Entstehen der Kurven direkt verfolgt werden. Dabei kann zwischen verschiedenen Darstellbereichen gewählt werden mit einem maximalen Vergrößerungsmaßstab in X-Richtung von 1:4. Über die gesamte Bildschirmbreite läßt sich eine Kursorlinie für Markierungen verschieben, wobei der jeweilige Pegel bzw. Meßzyklus und die zugehörige Impulsdichte angezeigt werden. In maximal acht Zeilen gelangen außerdem die eingestellten Meßparameter zur Anzeige. Bei Fehlbedienungen werden zudem entsprechende Hinweise im Textteil des Schirmbildes gegeben.

3. Wirkungsweise

Das Spektrometer 20050 besteht aus einer Gruppe spezifisch kernphysikalischer Funktionseinheiten, den Baugruppen des Mikrorechners Robotron K 1520 und speziellen Funktionsgruppen zur Anpassung und für die Eingabe und Anzeige. Anhand von Abb. 2 soll die Funktion näher erläutert werden.

Während die Signale der kernphysikalischen Funktionseinheiten direkt zwischen Verstärker, Analysator und Zähler über den Koppelbus ausgetauscht werden (direkter Verkehr), sind alle anderen Funktionseinheiten über den Systembus des Mikrorechners K 1520 verbunden. Die Einstellung der Meßparameter der Funktionsblöcke geschieht wie der Datentransport zu den externen Geräten über den Systembus.

Die Ausgangsimpulse der Strahlungsdetektoren gelangen über den Geräteeingang an den Verstärker. Entsprechend der zu lösenden Aufgabe läßt sich eine unterschiedliche Formung der Eingangsimpulse einstellen. Durch Verändern des Verstärkungsfaktors kann die Höhe der Ausgangsimpulse des Verstärkers dem Aussteuerbereich des nach-

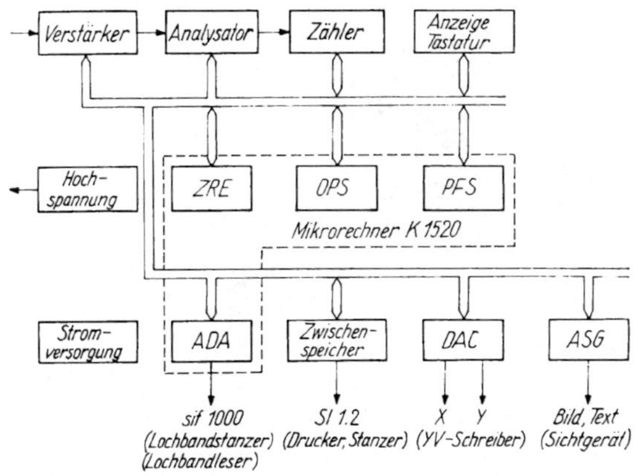

Abb. 2. Funktionsblöcke des Spektrometers 20050
Korrektur (unten rechts): Statt (YV-Schreiber) lies (XY-Schreiber).

folgenden Analysators angepaßt werden. Der Analysator realisiert zwei Betriebsarten:

— Diskriminierbetrieb
Es werden nur Ausgangsimpulse abgegeben, wenn die Eingangsimpulse größer als die eingestellte Diskriminatorschwelle sind;

— Analysierbetrieb
Es werden nur Ausgangsimpulse abgegeben, wenn die Eingangsimpulse innerhalb des Kanals liegen, der durch eine untere und eine obere Schwelle entsprechend der Kanalbreite gebildet wird.

Die Einstellung des Verstärkungsfaktors, der beiden Analysatorbetriebsarten und Analysatorschwellen geschieht über den Systembus mittels der Tastatur.

Der Zähler wird von den Analysatorausgangsimpulsen angesteuert und ermittelt die Impulszahl. Der Zähler für die Zeitmessung ist in der zentralen Recheneinheit (ZRE) enthalten, in der sich auch der Taktgenerator für den Mikrorechner K 1520 befindet. Die ZRE ist das Kernstück des Mikrorechners und führt die gesamte Systemsteuerung durch.

Der Operativspeicher (OPS) ist ein 4-KByte-RAM-Speicher und der programmierbare Festwertspeicher (PFS) ein 16-KByte-EPROM-Speicher. Auf der ZRE befindet sich ein weiterer 3-KByte-EPROM-Speicher. In den Festwertspeichern ist das gesamte Programm des Spektrometers 20050 enthalten, während die veränderlichen Meßwerte und Einstellparameter in dem Operativspeicher abgelegt werden.

Anzeige und Tastatur ermöglichen den Dialog zwischen dem Bediener und dem Gerät. Für die Ausgabe der Informationen auf die unterschiedlichen Anschlußgeräte stehen verschiedene spezielle Funktionsblöcke zur Verfügung:

— Die Anschlußsteuerung (ADA) für daro-Geräte ermöglicht die Ausgabe und ggf. die Eingabe im Kode sif 1000 für den Lochbandstanzer daro 1215 bzw. Lochbandleser daro 1210;

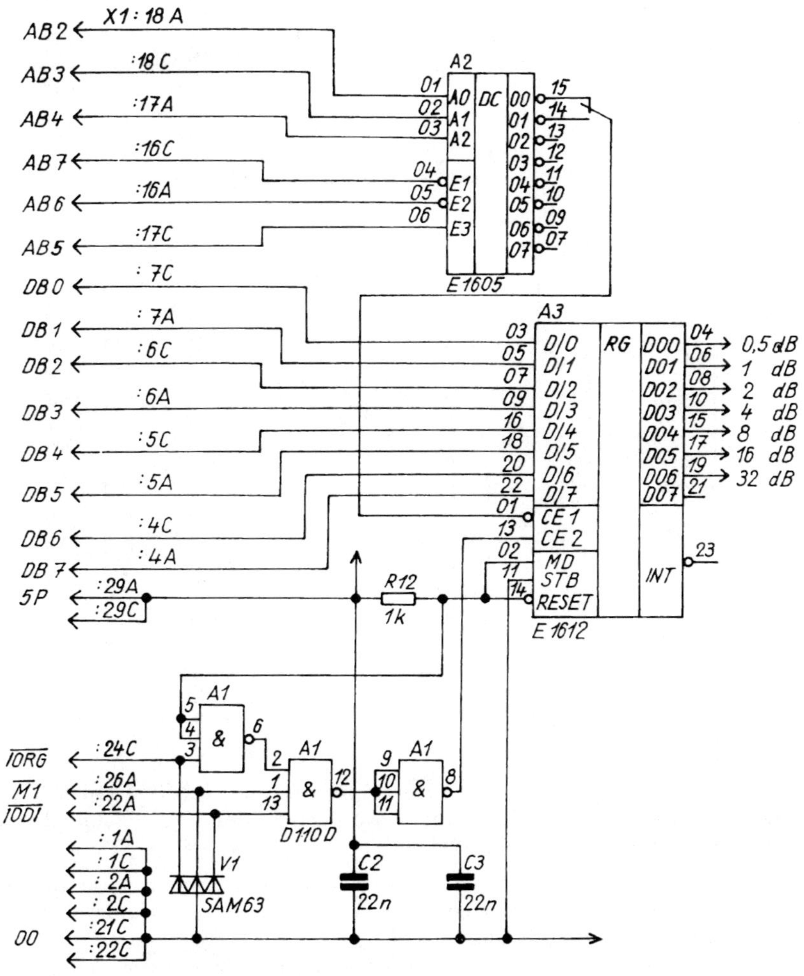

Abb. 3. Steuerschaltung für den Verstärker

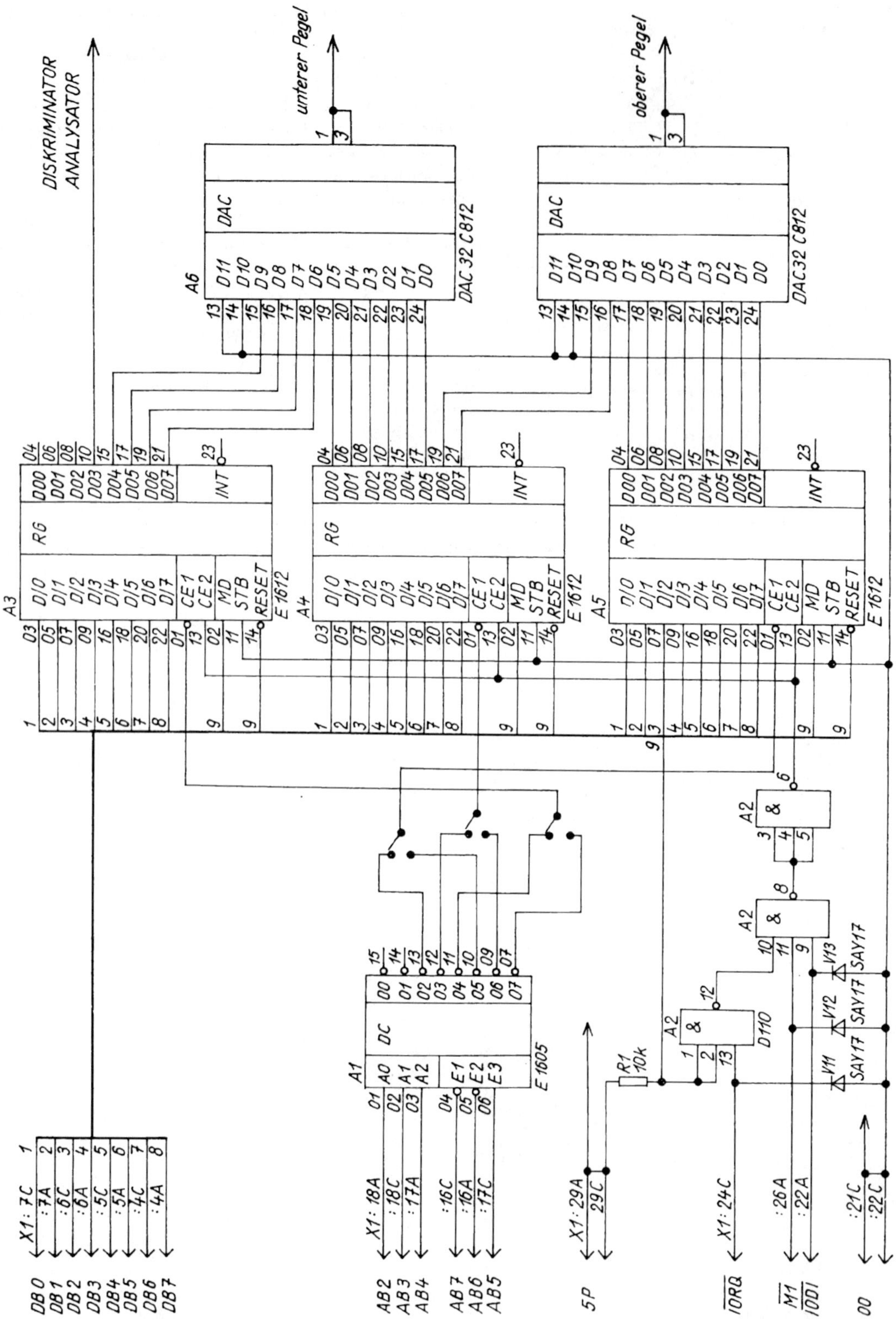

Abb. 4. Steuerschaltung für den Analysator
Korrektur (unter den beiden rechten Schaltkreisen): Statt DAC32 C812 lies DAC 32 CB 812

– Für den Anschluß der Geräte im Standard Interface SI 1.2 speichert ein Zwischenspeicher die seriellen Informationen des Systembus zur parallelen Abfrage;

– Die analogen Informationen X (entsprechend dem Pegel beim Spektrometrieren bzw. entsprechend der Zeit beim Messen zeitlicher Verläufe) und Y (entsprechend der Impulsdichte) werden in je einem Digital-Analog-Wandler (DAC) aufbereitet;

– In der Anschlußsteuerung (ASG) werden die Bussignale für die Ansteuerung des Sichtgerätes 20060 umgewandelt.

Der Funktionsblock Hochspannung erzeugt die für die verschiedenen Strahlungsdetektoren erforderliche Arbeitsspannung sowohl positiver als auch negativer Polarität. Die Erzeugung der einzelnen Betriebsspannungen für die Funktionsblöcke geschieht in der Stromversorgung.

Die sonst bei kernphysikalischen Meßgeräten üblichen Zusatzfunktionsblöcke wie Nulleffektsubtraktion, Meßbereichszusatz für analoge Impulsdichtemesser, Grenzwertmelder, Spektrometerautomatik u. ä. sind bei dem Spektrometer 20050 nicht mehr vorhanden, da alle diese Funktionen softwaremäßig über den Mikrorechner K 1520 realisiert werden.

4. Schaltungsdetails

4.1. Verstärker

Die Einstellung des Verstärkungsfaktors geschieht in Stufen zu 0,5 dB zwischen 0 dB und 54 dB. Die erforderlichen Werte setzen sich aus einzelnen Dämpfungsstufen zu 0,5/1/2/4/8/16/32 dB zusammen. Im Verstärker bewirken dies Relais, die über eine Dekodierschaltung vom Systembus des Mikrorechners K 1520 angesteuert werden. Abb. 3 zeigt die Steuerschaltung für den Verstärker. Von dem Adreßbus wird das Register über den Adreßdekoder angesprochen. Die Ausgänge D 00 bis D 06 des Registers sind den einzelnen Dämpfungsstufen zugeordnet und werden vom Datenbus gesteuert.

Um den Verstärker mehrfach in einem Gerät wiederverwenden zu können, kann er mit Hilfe von umlötbaren Brücken über verschiedene Adressen angesprochen werden.

4.2. Analysator

Der Analysator besteht aus zwei Diskriminatoren für die untere und die obere Schwelle. Dabei werden jeweils die Schwellengleichspannung und der Verstärkerausgangsimpuls auf die Eingänge von Komparatoren mit nachfolgenden Triggern gegeben. Beim Überschreiten der Schwellen kippen die Trigger, wobei in den nachfolgenden Schaltungen die einheitlichen Ausgangsimpulse gewonnen werden.

Aus den digitalen Signalen vom Datenbus des Mikrorechners K 1520 werden über die Digital-Analog-Wandler die Gleichspannungspegel gewonnen. Abb. 4 zeigt, daß die Adressierung ähnlich wie beim Verstärker erfolgt, und daß an den Adreßdekoder drei Register angeschlossen sind. Auch hier besteht die Möglichkeit, durch Umlöten von Brücken die Adressen zu variieren. Am Gerät werden der Pegel und die Kanalbreite über die Tastatur eingegeben, woraus der Mikrorechner die Werte für den unteren und oberen Pegel errechnet und gleichzeitig die Zulässigkeit überwacht.

Beim Entwurf der Leiterplatten für Verstärker und Analysator war auf eine strenge Trennung zwischen der Masse des Analogteiles und der des Digitalteiles zu achten, um die Störungen durch die Rechnertaktimpulse von den Nutzsignalen, deren Impulshöhen ja im Spektrometer 20050 bewertet werden, fernzuhalten.

4.3. Zähl- und Zeitmeßsystem

Zur Zählung der vom Analysator abgegebenen Impulse und zur parallelen Ermittlung der hierfür benötigten Meßzeit dient ein Zähl- und Zeitmeßsystem. Abb. 5 zeigt den prinzipiellen Aufbau des Zählers. Der Kern wird durch einen CTC-Baustein U 857 D gebildet, dessen 4 Kanäle in Serie geschaltet sind. Zur Erhöhung des zeitlichen Auflösungsvermögens ist ein 4-Bit-Zähler vorgeschaltet. Die Torsteuerung, Einstellung der Vorwahl und das Auslesen des Ergebnisses erfolgen durch spezielle Programmschritte. Der Zähler-Modul umfaßt eine Steuerung für den Anschluß von peripheren Geräten gemäß Standard Interface SI 1.2, wobei nur die Steuersignale B1 und M2 hardwaremäßig realisiert sind, die Steuerung selbst sowie die Ergebnisausgabe im BCD-Format werden programmtechnisch realisiert. Zur Analog-Ausgabe werden — über je ein 12-Bit-Register — 2 Digital-Analog-Wandler DAC 32 verwendet. Die Meßdynamik im gesamten Impulsdichtebereich sowie die Transformation der 0%- und 100%-Werte wird softwaremäßig gesteuert. Das Zeitsteuer- und

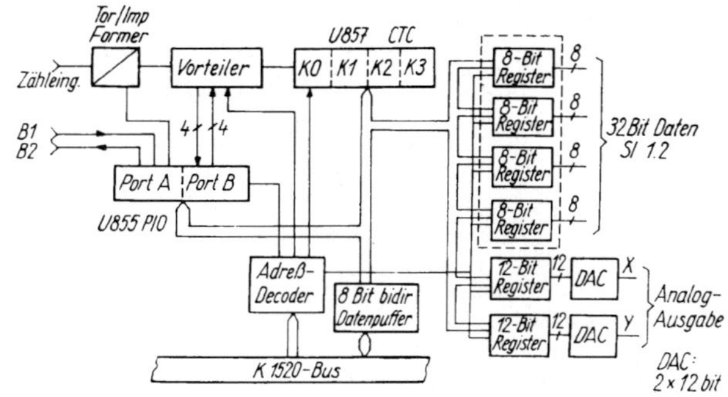

Abb. 5. Zähler
Korrektur (links in der Abb.): Statt Part A, Part B lies Part B, Part A

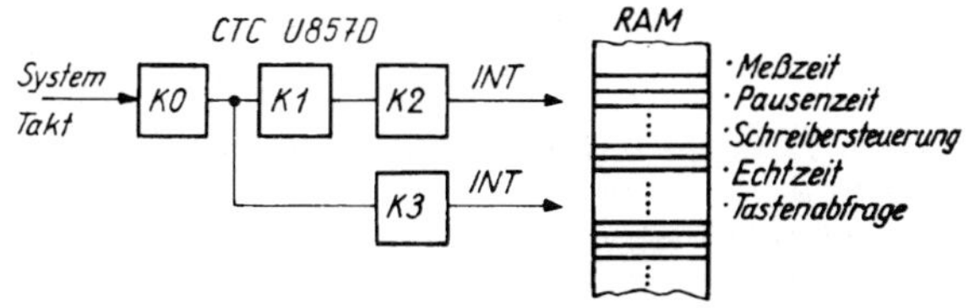

Abb. 6. Echtzeituhr

Zeitmeßsystem des Spektrometers 20050 wird auf Basis der Echtzeituhr der ZRE K 2521 realisiert (Abb. 6). Der Systemtakt $f = 2{,}4576$ MHz wird durch Kanal 0 im Zeitgeber-Betrieb auf eine Zeitbasis von 10 ms reduziert. Dies ist die kleinste Zeitauflösung für die Zeitmessung, die in den beiden Kanälen 1 und 2 vorgenommen wird. Zur Erweiterung des Zeitmeßbereiches wird programmtechnisch durch Interrupte des Kanals 2 eine Incrementierung eines definierten RAM-Bereiches vorgenommen. Parallel hierzu erfolgt die Bildung der Wiederholzeit zwischen 2 separaten Meßvorgängen. Kanal 3 des CTC U 857D wird durch Kanal 0 gesteuert und erzeugt eine Zeitbasis von 50 ms. Diese dient zur Bildung der

— Echtzeit des Anzeigesystems und der
— Abfragezeit des Tastenfeldes.

4.3. Bedien-/Anzeigesystem

Das Bediensystem des Gerätes besteht aus einem Tastenfeld (16 Zeilen, 3 Spalten), welches im Zeittakt von 50 ms abgefragt wird. Ein Tastenabfrageprogramm ermittelt die betätigte Taste, wobei gleichzeitig Tastenprellungen und Mehrfachauslösungen verhindert werden. Die spezifische Tastenbehandlung erfolgt in einem getrennten Programm.

Die interne Ziffernanzeige besteht aus einem 13stelligen Anzeigefeld, welches im Zeitmultiplex-Betrieb gesteuert wird (Abb. 7). Die anzuzeigenden Werte werden in einen 16 Byte-RAM (2 × K 155 PY 2) vom Rechner ausgegeben. Unabhängig vom Mikrorechner K 1520 wird ein Adreßzähler D 153 mit einer Frequenz von ca. 2 kHz betrieben, der eine fortlaufende Ausgabe über einen 7-

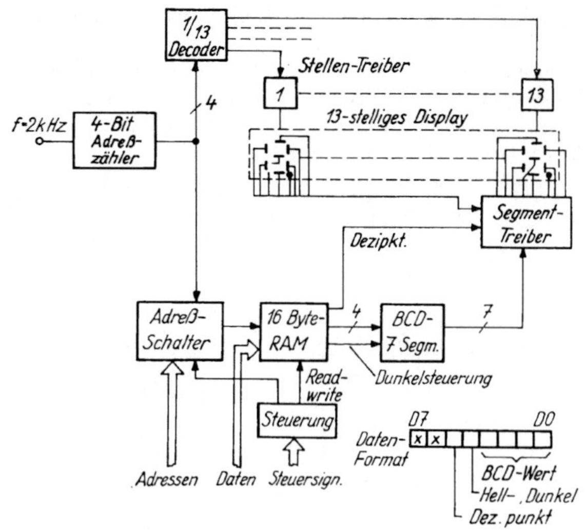

Abb. 7. Anzeigesystem

Segment-Dekoder D 146 auf den Segment-Treiber veranlaßt. Gleichzeitig wird ein Digit-Treiber synchron gesteuert. Eine Schutzschaltung überwacht den Anzeigetaktgenerator, bei Ausfall der Taktfrequenz wird die Anzeige automatisch dunkelgesteuert.

5. Software, Struktur und wichtigste Module

5.1. *Softwarestruktur*

Die Hauptelemente sind (Abb. 8)

- Anlauf-Modul
- Hintergrundschleife
- Interrupt-Service-Routinen.

Im Systemanlauf erfolgt die Initialisierung aller Ports, Grundeinstellung des RAM-Bereichs, Test aller PROMs und Kontrolle der gepufferten RAM-Werte (Geräteeinstellparameter). Anschließend wird in eine Hintergrundschleife verzweigt und auf eine Tastenbedienung gewartet. Ein Betriebssystem wird nicht verwendet. Die Programmorganisation wird durch Zustandsvariable unterstützt, die die Hauptfunktionen des Gerätes beinhalten.

Nach Tastenbetätigung wird bei Zulässigkeit in die spezifische Tastenbehandlung verzweigt. Nach Start eines Meßprogramms wird in Abhängigkeit von den Zustandsvariablen die Berechnung spezifischer Ergebnisse vorgenommen:

- absolute oder relative Impulsdichte
- 2σ-Werte
- Untergrundsubtraktion.

Nach Abschluß aller Einzelmessungen innerhalb eines Meßprogramms (z. B. Aufnahme einer kompletten Impulshöhenverteilung) werden weitere Ergebnisse berechnet:

- Halbwertszeit (bei Betriebsart ZA)
- Ermittlung der Maxima (bei SI, SZ) mit Anzeige des Pegels und der zugehörigen Impulsdichte.

Unabhängig kann durch Tastendruck eine Glättung der im Meßwertspeicher vorhandenen Meßwerte vorgenommen werden. Unterstützt werden die Berechnungen durch eine Reihe von Standard-Unterprogrammen:

- Gleitkommainterpretationssystem GKIS 880
- Konvertierungsprogramme:

  Dual-Festpunkt ⇄ Dual-Gleitpunkt
  Dual-Festpunkt ⇄ BCD-Festpunkt
  BCD-Festpunkt → BCD-Gleitpunkt
  Dual-Gleitpunkt → SIF-1000
- Parametertestprogramme zur Kontrolle auf gültige Eingabe.

5.2. *Spezielle Programme*

Innerhalb der Hintergrundschleife werden standardmäßig folgende mathematische Operationen durchgeführt:

- absolute Impulsdichte $n = \frac{N}{T}$

  N — Impulszahl
  T — Meßzeit

- Nettoimpulsdichte $n_N = n - n_u$

  n_u — Untergrundimpulsdichte

- Nettoimpulsdichte als gleitender Mittelwert $\bar{n}_n = \bar{n}_a + \frac{n_n - \bar{n}_a}{K}$ (bei Betriebsart I, SI)

  $\bar{n}_n$ — neuer Mittelwert, $\bar{n}_a$ — alter Mittelwert
  n_n — neuer Einzelwert, K — Zahl der Meßzyklen

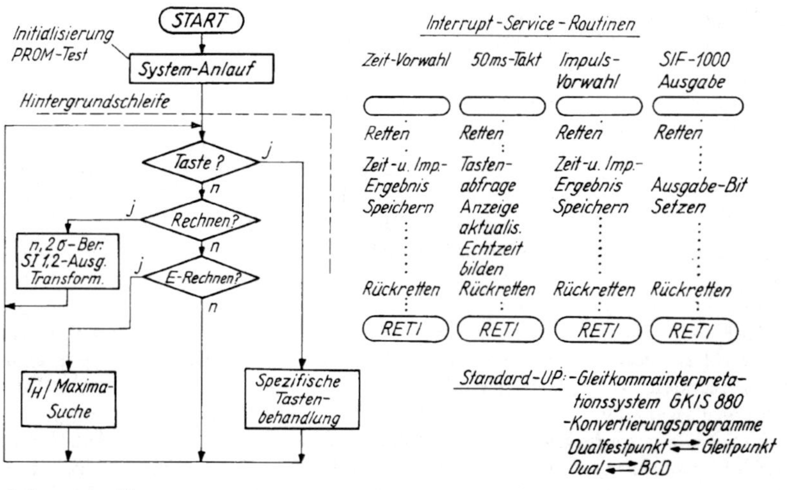

Abb. 8. Softwarestruktur

- Relative Impulsdichte $n_{\%} = \frac{n}{n_{100}}$

  n — aktuelle absolute Impulsdichte
  n_{100} — 100%-Vergleichsimpulsdichte

- Relative Streuung $2\sigma = \frac{2 \cdot 100}{N}\ \%$

- Relative Streuung bei gleitender Mittelung

  $$2\sigma = \frac{2 \cdot 100}{\sqrt{2 \cdot n \cdot T \cdot K}}$$

- Transformierte, der Impulsdichte proportionale Ausgangsspannung $U_A = U_{max} \cdot \frac{n - n_{0v}}{n_{10v} - n_{0v}}$

  $U_{max} = 10$ V
  n_{10v} = 100v-Impulsdichte
  n_0 = 0v-Impulsdichte

Meßwertglättung Nach Abschluß eines Meßprogrammes können die im Ergebnisspeicher vorhandenen Meßwerte geglättet werden. Es wird ein empirischer 7-Punkt-Glättungsalgorithmus angewendet (Abb. 9)

$$n_0 = \frac{1}{6}\left[\frac{n_{-3}}{2} + n_{-2} + n_{-1} + n_0 + n_1 + n_2 + \frac{n_3}{2}\right]$$

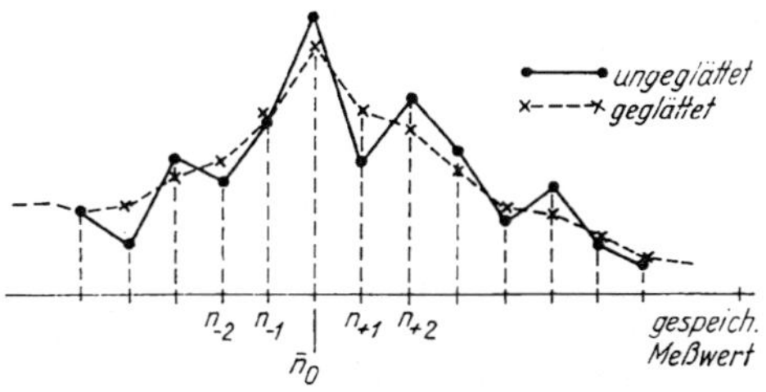

Abb. 9. Meßwertglättung

Halbwertszeitbestimmung In der Betriebsart ZA wird nach Beendigung eines Meßprogrammes die im Ergebnisspeicher vorhandene Zeitfunktion für die Ermittlung der Halbwertszeit benutzt (Abb. 10).

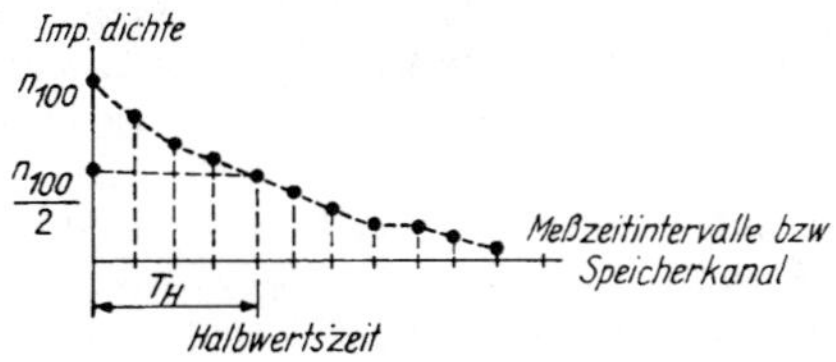

Abb. 10. Halbwertszeitbestimmung

Automatische Ermittlung der Maxima Nach Aufnahme einer Impulshöhenverteilung in den Betriebsarten SI, SZ wird automatisch nach vorhandenen Maxima untersucht. Bis zu 8 Maxima (Pegel und zugehörige Impulsdichte) können durch Tastenbetätigung nacheinander angezeigt werden. Von der Originalverteilung wird die 1. Differenz gebildet, ein Maximum liegt vor, wenn die differenzierte Funktion vom positiven in den negativen Bereich wechselt (Abb. 11).

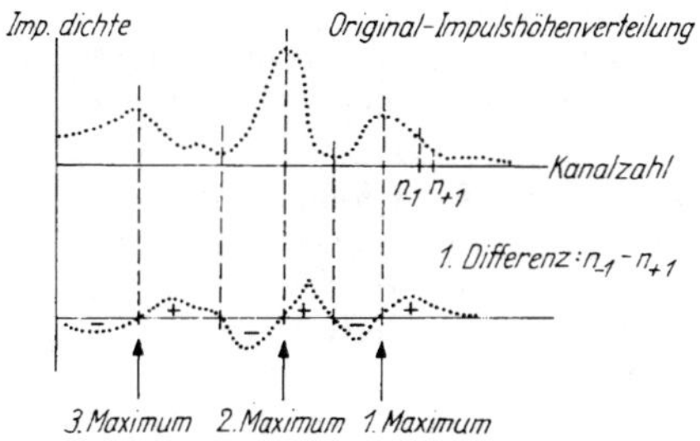

Abb. 11. Automatische Ermittlung der Maxima

Wichtige technische Daten des Spektrometers 20050

Impulseingang	
Polarität	negativ
Eingangswiderstand	2 kOhm ± 10%
max. zul. Impulsfolgefrequenz	200 kHz
Verstärkung	max. 500fach
Einstellung	00,0/00,5 bis 54,0 dB
Formungszeitkonstanten	0,1/0,3/1/3/10 µs
Stellung „Breitband"	$\tau_1 > 10$ ms, $\tau_2 < 0{,}1$ µs
Auflösungszeit für Doppelimpulse gleicher Höhe	≦0,3 µs
Analysierbereich	1:100
Einstellung	010/011 bis 999 Pegelschritte entsprechend 50/55 bis 4995 mV
Kanalbreite	
für Betriebsarten SZ und SI	005/006 bis 200 Pegelschritte entsprechend 25/30 bis 1000 mV
für alle anderen Betriebsarten	005/006 bis 989 Pegelschritte entsprechend 25/30 bis 4945 mV
Lage des Kanals	symmetrisch zum Pegel
Hochspannung	
Polarität	positiv oder negativ
Spannung 1	100 bis 2000 V, stetig einstellbar (für Zählrohr- und Szintillationssonden)
Spannung 2	25 bis 500 V, stetig einstellbar, abgeleitet von Spannung 1 über Spannungsteiler 4:1 (für Halbleiterdetektoren)
Einstellparameter	
Impulszahl als Vorwahl	$1 \cdot 10^1$ bis $9 \cdot 10^8$
Zählkapazität	$9 \cdot 10^8$ Impulse
Meßzeit als Vorwahl	$1 \cdot 10^2$ bis $9 \cdot 10^7$ ms
Zeitfehler	$\leqq \pm(1 \cdot 10^{-4}$ der Meßzeit $+1$ ms)
Meßzyklen	001 bis 999 (bei Betriebsarten I und SI ergibt sich aus dem Produkt Meßzyklen × Meßzeit die Integrationszeitkonstante)
Analysierzeit	$3 \cdot 10^2$ bis $9 \cdot 10^4$ s
Pausenzeit	$1 \cdot 10^2$ bis $9 \cdot 10^7$ ms
Endpegel	010 bis 800 Pegelschritte (untere Grenze für die Spektrometrie)
Impulsdichte 100%	$0{,}1 \cdot 10^0$ bis $9{,}9 \cdot 10^4\ s^{-1}$ (für die Ermittlung der relativen Impulsdichte in %)

Untergrund n	$0{,}0 \cdot 10^0$ bis $9{,}9 \cdot 10^4\,s^{-1}$ (vom Meßergebnis abzuziehende Impulsdichte)
Untergrund P	000 bis 999 Pegelschritte (obere Pegelgrenze, bis zu der der Untergrund n vom Meßergebnis abzuziehen ist)
Grenzwert	$0{,}1 \cdot 10^0$ bis $9{,}9 \cdot 10^4\,s^{-1}$
Transformation 100%	$0{,}1 \cdot 10^0$ bis $9{,}9 \cdot 10^4\,s^{-1}$ (Impulsdichte, die der Spannung 10 V an Buchse „Y" entspricht)
Transformation 0%	$0{,}0 \cdot 10^0$ bis $9{,}9 \cdot 10^4\,s^{-1}$ (Impulsdichte, die der Spannung 0 V an Buchse „Y" entspricht)
Allgemeine Daten	
Netzspannung	220 V (+10%/−15%)
Leistungsaufnahme	etwa 165 VA
Arbeitstemperaturbereich	+5 bis +40 °C
Abmessungen (B × H × T)	446 mm × 252 mm × 480 mm
Masse	etwa 20 kg

Eingegangen am 10. 3. 1982

A Criterion for Optimal Choice of Radioisotopes Used in Clinical Studies "in vivo"

A. Magrini[1]), *S. Di Luzio*[2]), *M. Guerrisi*[1]), *G. Izzo*[1])

([1]) Istituto di Fisica Medica, Facoltà di Medicina, Università di Roma; [2]) Istituto di Fisica Medica, Università G. D'Annunzio, Chieti, Italy)

A general "a priori" criterion is given for an optimal choice of the radioisotopes of an element to be used in clinical studies "in vivo". Taking into account the absorbed dose and the precision of the measurements, a "merit figure" is defined in order to compare the performances of different radioisotopes of an element. The roles played by the duration of the investigation and the mean depth of the investigated organ are quantitatively assessed, thus enabling a "selection map" to be set up for each type of study. As an example, 7 radioisotopes of iodine are compared for uptake studies of the thyroid. Results are in agreement with those of other authors who have evaluated the performances of different radioiodines in man.

Keywords

dosimetry; iodine 125; thyroid uptake

1. Introduction

In the application of radiotracers "in vivo" for diagnostic purposes, a number of factors play an important role in the choice of a radionuclide with optimal characteristics, i.e. high quality of the clinical response, low radiation dose to the patient and — to a lesser extent — low cost and easy availability. These factors narrow down to three main categories, namely, the physiopathological properties and the chemical characteristics of the tracer and the physical characteristics of the labelling radioisotope.

When comparing radioisotopes of different chemical elements, it is difficult to establish quantitative "a priori" criteria of optimization on account of the complex biological phenomena which influence the quality of the study. The choice is, in fact, usually based on "a posteriori" statistical evaluation of the clinical results, as well as on dosimetric and practical considerations. However, when the selection is to be made between radioisotopes of the same chemical element, only their physical characteristics can affect the optimal choice, since the physiopathological and chemical properties of the tracer in this case are strictly invariant. A significant example is given by the 24 radioisotopes of iodine, many of which have been reported as being presently used or potentially useful in medicine [1].

Apart from the practical aspects concerning economics and logistics of shipment, the optimal choice between radioisotopes of the same chemical element should be based on the following principle: the r a d i o i s o t o p e t o b e p r e f e r r e d i s t h a t w h i c h i m p l i e s t h e m i n i m u m d o s e a b s o r b e d b y t h e p a t i e n t f o r a c e r t a i n f i x e d p r e c i s i o n o f t h e m e a s u r e m e n t s t o b e p e r f o r m e d.

The doses to be compared are those delivered to the critical organ or tissue (CO), while the precision of the measurements must be referred to the investigated organ or tissue (IO). Moreover, only statistical errors due to fluctuations in the counting rate will be taken into account, since other sources of error, e.g. geometric errors, can be considered dependent on the characteristics of the measuring device and the measuring procedure adopted, but not on the characteristics of the radioisotope used. This is true only if proper collimators are employed for each gamma energy and if collimator penetration, which may occur at high gamma energies, is negligible.

In general, both statistical precision and absorbed dose depend on the activity administered and on the energy and abundance of the gamma radiations selected for the measurements. Other radiations emitted in the decay process of the radioisotope and the contaminants (beta particles, X-rays, gamma-rays not utilized in the measurements, etc.) affect the dose, but not the precision of the measurements.

The biological half-life of the compound and the physical half-life of the radioisotope affect both the absorbed dose per unit activity administered and the activity necessary to obtain the required measuring precision throughout the study.

Moreover, for a given minimum precision, the administered activity of each radioisotope, and thus the absorbed

[1]) Address: Città Universitaria, 00100 Rome, Italy

dose depends also on the duration of the study, which will, in fact, dictate the optimal choice of the radioisotope to be used.

According to the criterion proposed by the ICRP [2] the duration of the test is assumed as a practical measure of the optimization of the effective mean-time for the activity in the CO, the mean-time being 1.44 times the effective half-life.

This criterion seems to be oversimplified and unsatisfactory inasmuch as the physical characteristics of the radiations emitted are not taken into account.

The aim of the present study is to establish quantitative criteria for the optimal choice of the radioisotope to be used in clinical studies "in vivo". The following considerations apply strictly to the choice between radioisotopes of the same chemical element, but might contribute with useful indications also for the comparison of isotopes of different elements, providing the specificity of the clinical response is taken into account.

To demonstrate the practical applicability of the criteria proposed, radioiodine uptake studies in the thyroid are discussed.

2. Theoretical fundamentals

The administered activity must be such as to obtain equal measuring precision over the IO for all the radioisotopes compared. Since the absolute precision of the measurements varies with the activity to be measured, and thus with time, a conservative approach is to assume the same value of this figure for each radioisotope at the end of the study, i.e. when the effects due to the physical decay are maximal. Moreover, since in the comparison of different radioisotopes the same measuring equipment and measuring geometry should be assumed, only statistical fluctuations of the counts are significant in determining the precision of the measurement. Thus, the total net counting rate (N_T) at the end of the study (time T) must be the same for all the radioisotopes.

By taking into account the dependence of the counting rate on the measuring conditions, the following approximate expression of N_T can be established:

$$N_T = \nu_{tot}\bar{\varepsilon}_I \varepsilon_G A_{IO}(T)\, e^{-\bar{\mu}\bar{x}} \tag{1}$$

where ν_{tot} is the total abundance of γ-rays detected, $\bar{\varepsilon}_I$ is the mean weighted intrinsic efficiency of the detector, ε_G is the geometric detecting efficiency, $A_{IO}(T)$ is the activity present in the IO at time T(mCi), $\bar{\mu}$ is the mean weighted linear absorption coefficient (cm^{-1}), and $\bar{x}$ is the mean depth of the IO (cm).

By labelling with j the quantities relative to the jth gamma ray utilized in the measurements, we have for each radioisotope:

$$\begin{aligned} \nu_{tot} &= \Sigma\, \nu_j \\ \bar{\varepsilon}_I &= \Sigma\, \nu_j \varepsilon_j / \nu_{tot} \\ \bar{\mu} &= \Sigma\, \nu_j \mu_j / \nu_{tot} \end{aligned} \tag{2}$$

The activity present in the IO at time T can be evaluated as

$$A_{IO}(T) = A_0 q_{IO}(T)\, e^{-\lambda T} \tag{3}$$

where A_0 is the activity administered (mCi), $q_{IO}(T)$ is the fractional distribution function evaluated at time T, i.e. the fraction of A_0 taken up by the IO at time T after administration of the tracer, and λ is the physical decay constant of the radionuclide (h^{-1}).

From eqs. (1) and (3), the activity A_0 to be administered in order to obtain the required measuring precision is given by

$$A_0 = \frac{N_T}{\nu_{tot}\bar{\varepsilon}_I \varepsilon_G q_{IO}(T)\, e^{-\lambda T}\, e^{-\bar{\mu}\bar{x}}} \tag{4}$$

It should be noted that, in this expression, N_T must be considered given and equal for all the radioisotopes compared. Also ε_G is strictly independent from the physical characteristics of the radioisotope, since it is defined as the probability that a γ-ray is emitted within the solid angle useful for detection. Moreover, $q_{IO}(T)$ is the same for all the radioisotopes of an element, providing that the labelled substance is also the same.

Therefore, in comparing the performances of different radioisotopes of an element, the three above-mentioned quantities can be disregarded.

As far as concerns the total dose absorbed by the CO, it is given by

$$\bar{D} = dA_0 \tag{5}$$

where d is the absorbed dose per unit activity administered (rds/mCi), including the dose contribution from source organs other than the CO itself.

From eqs. (4) and (5), a general approximate expression of $\bar{D}$ can be established

$$\bar{D} = \frac{N_T}{\varepsilon_G q_{IO}(T)} \left[\frac{d}{\nu_{tot}\bar{\varepsilon}_I e^{-\lambda T} e^{-\bar{\mu}\bar{x}}}\right] \tag{6}$$

where all the quantities dependent on the physical characteristics of the radioisotope employed are included in brackets.

This equation suggests that a "merit figure" (M) may be defined as

$$M = \frac{\nu_{tot}\bar{\varepsilon}_I e^{-\lambda T} e^{-\bar{\mu}\bar{x}}}{d} \tag{7}$$

implying that, for the same measuring precision at the end of the study and in the same measuring conditions (i. e. labelled substance, labelling element, measuring geometry and equipment), the lower the total dose to the CO the greater the M.

As far as the measuring geometry is concerned, it should be noted that the value of the depth $\bar{x}$ of the IO varies according to individual anatomical factors. As a consequence the optimal choice of the radioisotope should be made based upon the predictable range of $\bar{x}$ for each particular application, taking into account also pathological conditions. This implies that, once the equipment and the γ-rays useful for the measurement have been chosen, the merit figure M can be considered as a function of T and $\bar{x}$. Thus a "selection map" should be drawn to enable the choice of the optimal radioisotope to be made in accordance with the value chosen for T and the possible range of variability of $\bar{x}$. The procedure for drawing this map is here described with reference to an example of practical application.

3. Application to thyroid uptake studies

Thyroid uptake studies in clinical diagnosis and physiological investigations on iodine kinetics are performed with radioiodine in the chemical form of sodium-iodine. Several measurements are carried out within a variable period of time T, ranging from a few hours to a few days depending on the requirements of the test. The measuring system employed in most cases is a NaI(Tl) probe with a cylindrical collimator.

The size of the crystal, which affects the intrinsic efficiency of the detector, is here assumed as 2″ × 2″. The radioisotopes of iodine compared are those for which complete dosimetric data are available. The physical and dosimetric data relative to these isotopes are summarized in Tab. 1. Very high gamma energies were not included when the improvement in the counting statistics was associated with a marked increase in the background.

Tab. 1. Physical and dosimetric characteristics of some radioisotopes of iodine. Only gamma rays with abundance greater than 10% and with energy less than 800 keV are considered.

mass number of the radio-iodine	λ	E_j keV	ν_j %	ε_j[1]	μ_j[2] cm^{-1}	d[3] rds/mCi
123	0.0533 h^{-1}	159	84	0.89	0.151	13
124	0.1650 d^{-1}	511	51	0.53	0.092	890
		603	62	0.50	0.088	
		723	10	0.45	0.079	
125	0.0115 d^{-1}	28	140	1.00	0.408	790
126	0.0533 d^{-1}	389	33	0.70	0.107	1600
		666	33	0.48	0.087	
130	0.0555 h^{-1}	418	32	0.59	0.107	120
		536	99	0.53	0.092	
		668	97	0.48	0.087	
		739	85	0.45	0.079	
131	0.0860 d^{-1}	364	82	0.63	0.108	1300
132	0.2912 h^{-1}	523	16	0.53	0.092	13
		630	14	0.49	0.087	
		668	99	0.48	0.087	
		773	77	0.44	0.078	

[1]) Detector NaI(Tl) 2″ × 2″
[2]) Linear absorption coefficients in H_2O
[3]) Maximum thyroid uptake 25 % [3]

The values of the merit figure M as a function of T were calculated (eq. (7)) for a mean depth of the organ $\bar{x} = 2$ cm and a maximum uptake of the thyroid equal to 25% (Fig. 1). Different maximum uptake values, affecting the dose absorbed per unit activity injected [3], result in different values of M. Nevertheless, the values of T at which the lines intercept are not significantly affected. Thus, the lists of preference, which can be made in each interval of T, are virtually independent of the assumed maximum uptake in the thyroid.

The computation of M was carried out for various values of $\bar{x}$ thus enabling the "selection map" shown in Fig. 2 to be setup. A list of possible radioisotopes for each zone is given, since pratcical problems, such as availability and cost, may dictate the choice of a radioisotope other than the theoretically best one. Each zone in Fig. 2 was identified as that in which the four best radioisotopes are the same and in the same order of preference.

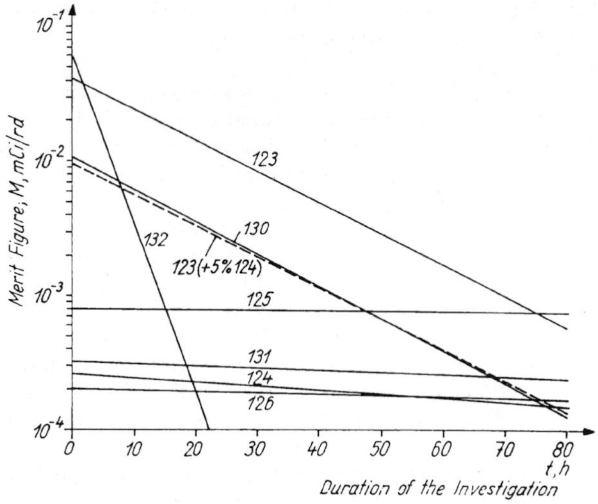

Fig. 1. Merit figure for various radioisotopes of iodine as a function of the duration of the uptake study of the thyroid
Chemical compound, sodium-iodine; detector, NaI(Tl) 2″ × 2″; mean depth of the thyroid, 2 cm; maximum thyroid uptake, 25 %. Numbers refer to the mass numbers of the radioisotopes of iodine. The dashed line refers to ^{123}I contaminated with [124]I (5 % in activity). In this case, the radiations emitted by the contaminant were not considered useful for the measurements.
Korrektur (Abszisse): Statt t, h lies T, h

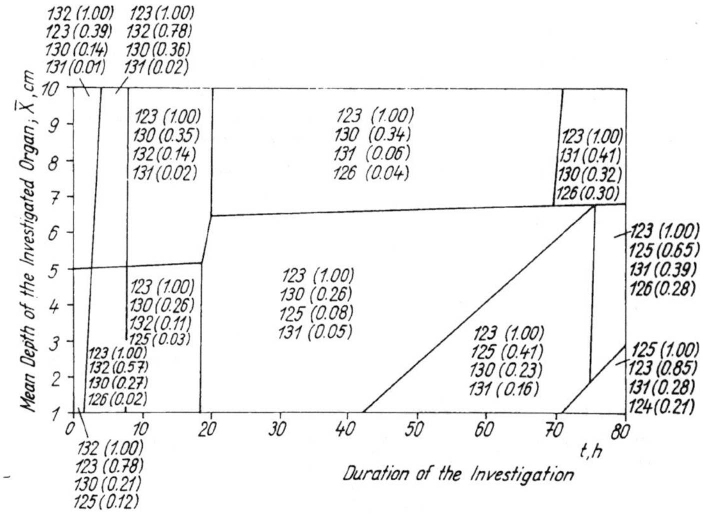

Fig. 2. Map for the optimal choice of the radioisotope of iodine for use in uptake study of the thyroid
Chemical compound, sodium-iodine; detector, NaI(Tl) 2″ × 2″; maximum thyroid uptake, 25 %. Mass numbers of the four radioisotopes of iodine to be preferred are listed in order of preference in each zone. For each secondary isotope the figure in brackets represents the ratio between the mean value of $M(\bar{x}, T)$ within the zone and the corresponding mean value of M for the first radioisotope listed.
Korrektur (Abszisse): Statt t, h lies T, h

With the use of this selection map the choice of the radioisotope is made taking into account, not only the duration of the investigation, but also the depth of the organ, in this case the thyroid, which varies in different pathological conditions and in newborn and adult subjects.

4. Discussion and conclusions

As can be seen in Fig. 2, the radioisotope of choice in thyroid uptake studies is, in most cases, [123]I (pure), except in investigations of very short duration, where [132]I is better, or very long duration, in which case ^{125}I is preferable for low values of $\bar{x}$ (e.g. newborns). ^{131}I should, in fact, no longer be considered the agent of choice for most thyroid evaluations, once the problems of availability, chemical forms and costs of other radioisotopes of iodine are solved. These conclusions are in agreement with those of other authors (see references reviewed by *Keyes* et al. [4]) who performed numerous qualitative experiments in man.

It should be pointed out that the map in Fig. 2 cannot be considered valid for scintigraphic morpho-functional investigations of the thyroid, since not all the gamma energies considered above are suitable to obtain high quality images, especially when a gamma camera is employed. For this kind of study, even if the radioisotope and its chemical form are the same, another "selection map" should be drawn, taking into account only gamma rays with energy of less than 500 KeV and possibly giving a weight less than one to the energies which do not fall within the optimal range for the design of the collimators (100–200 KeV).

The method described may be employed in the selection of the radioisotope for use in various investigations of clinical interest for example those requiring radioiodine as sodium rose bengal, radio-mercury as labelled chloromerodrin, radiogallium as gallium citrate, etc.. In each of these cases two or more radioisotopes of the same chemical element are available for use and it would be preferable to establish which is more suitable for clinical applications "in vivo".

Acknowledgements

The authors would like to express their sincere thanks to Miss *Adriana Shields* for her valuable help in editing the manuscript. This work was supported by Regione Lazio, Grant no. 6335.

Received March 10, 1982

References

[1] *H. N. Wellman, R. T. Anger* Jr., Semin. Nucl. Med. **1** (1971) 356

[2] ICRP Publication No. 17, Pergamon Press, Oxford 1969

[3] *M. Berman, L. E. Braverman, J. Burke, L. De Groot, K. R. McCormack, T. H. Oddie, R. H. Rohrer, H. N. Wellman, E. M. Smith,* MIRD/dose estimate Report No. 5, J. Nucl. Med. **16** (1975) 857

[4] *J. W. Keyes* Jr., *J. H. Thrall, J. E. Carey,* Semin. Nucl. Med. **8** (1978) 43

Zusammensetzung und Ionisationsausbeute von Plutonium-239-haltigen Glasuren

M. Mielcarski, E. Molenda

(Institut für Kernforschung, Zentrum für Herstellung und Verteilung von Isotopen Świerk-Otwock)[1]

Es wurde die Abhängigkeit zwischen der Ionisationsausbeute von Plutonium-239-haltigen Glasuren und der Zusammensetzung der glasurerzeugenden Phase untersucht. Gewisse Funktionsabhängigkeiten wurden bestimmt, und man stellte fest, daß die Einführung mancher Oxidkomponenten in die Glasur einen über zweifachen Anstieg der Ionisationsausbeute pro Flächeneinheit, bei gleichem Gehalt des radioaktiven Bestandteiles, ermöglicht. Für ausgewählte, sich durch einen maximalen Ionisationsanstieg kennzeichnende Glasuren, wurden Energiespektren der emittierten Strahlung gemessen. In der Diskussion der Ergebnisse wurde versucht, den Mechanismus der beobachteten Erscheinung zu erklären.

Keywords

enamels; glazes; ionizing radiation; plutonium 239; radiation sources

Einleitung

Die Fixierung von Isotopen in anorganischen Glasuren bildet eine günstige, in der Herstellung von umschlossenen Strahlungsquellen ausgenutzte Methode [1, 2], obwohl ihr Anwendungsbereich in bezug auf alpha-radioaktive Quellen bisher ziemlich eingeschränkt war [3, 4].

Der überwiegende Teil der gegenwärtig erzeugten Alpha-Strahlungsquellen wird für Ionisationszwecke verwendet. In solchen Quellen ist die Zahl der eine Ionisation hervorrufenden Teilchen wichtiger als die Gestalt des Energiespektrums dieser Strahlung. Die Ausbeute der Quelle hängt vor allem von der Menge des inkorporierten radioaktiven Elementes, der Methode seiner Fixierung und der Art des zu diesem Zweck verwendeten Materials, ab [5].

Die Möglichkeit einer Vergrößerung der Strahlungsausbeute durch inaktive, das alpha-radioaktive Isotop enthaltende Glasurkomponenten, wurde bereits früher beschrieben [6]. Es wurde festgestellt, daß sich bei konstantem Gehalt der radioaktiven Komponente die Lithium und Beryllium enthaltenden Emaillen durch eine größere Ionisationsausbeute auszeichnen. Es lag die Vermutung nahe, daß dieser Effekt ein Ergebnis von ablaufenden Kernreaktionen $^9Be(\alpha, n)^{12}C$ und $^6Li(n, \alpha)^3H$ sein könnte. Diese Beobachtung kann eine große praktische Bedeutung haben, nämlich in Hinsicht auf die Möglichkeit einer erheblichen Erhöhung der Ionisationsausbeute von Quellen und damit ihrer effektiven Aktivität, ohne Vergrößerung des Anteiles des radioaktiven Elementes.

Aus den genannten Gründen wurde in dieser Arbeit die Abhängigkeit zwischen der Ionisationsausbeute von Quellen und der Zusammensetzung von stabilisierenden Glasuren für die gleichen Gehalte des radioaktiven Elementes und der Dicke der Glasurschichten untersucht. Entsprechend den bereits ausgesprochenen [6] Vermutungen über den Mechanismus der Erscheinung, wurden in erster Linie

[1]) Anschrift: 05-400 Świerk-Otwock, VR Polen

die durch Zugabe von Lithium- und Berylliumoxiden hervorgerufenen Änderungen der Ionisationsausbeute untersucht.

Experimentelles

Die experimentellen Vorarbeiten umfaßten Untersuchungen von Emailsystemen, die eine gute Verglasung bei gleichzeitigem Aufnahmevermögen zusätzlicher Komponenten, und zwar Plutonium-, Lithium- und Berylliumoxiden zeigen. Weil sich während der Untersuchungen herausstellte, daß die Oxide mancher Metalle eine wesentliche Rolle spielen können, wurden auch Zusätze variiert. Notwendigerweise mußten das in bezug auf die Verglasung bei ziemlichen Änderungen der Zusammensetzung wenig empfindliche Systeme sein.

Die aufbereiteten Glassysteme wurden verschmolzen, im Mörser zerkleinert und in Form von Wassersuspensionen auf Schüsselchen aus säurebeständigem Stahl aufgetragen. Zur Gewährleistung einer konstanten Dicke der gewonnenen Glasurschichten war die Menge der aufgetragenen Substanz mit einer Genauigkeit von 1% konstant und betrug 0,1 g der Trockenmasse. Die ausgetrocknete Emailmasse wurde mit Plutoniumnitratlösung, deren Konzentration 40 mg Pu/cm^3 betrug, eingesaugt. Danach wurden die Proben in einem Ofen zur Erreichung einer gleichmäßigen Oberflächenverglasung ausgebrannt. Die zur Vergleichsmessung bestimmten Proben wurden in derselben Zeit und bei angenäherten Temperaturen ausgebrannt, um verschiedene, durch eventuelle Verdampfung der Emailkomponenten verursachte Änderungen der Zusammensetzung zu vermeiden.

Die Messungen des Ionisationsvermögens der einzelnen Proben wurden mit Hilfe einer Ionisationskammer, die eine absolute Absorption der emittierten Teilchen gewährleistet, durchgeführt. Die Messungen von Energiespektren wurden mit Hilfe eines 400-Kanalanalysators (Intertechnique SA-40) mit einem Oberflächen-Barriere-Siliziumdetektor Si(Li) und einer Fläche von 0,7 cm^2, ausgeführt. Als Blenden wurden Mylar-Folien verwendet. Die übrigen Einzelheiten der Versuchstechnik sind die gleichen wie in [6] beschrieben.

Ergebnisse

Die Zusammensetzung des ersten — von den untersuchten — mit dem Symbol MA bezeichneten Emails, ist in Tab. 1 angegeben. Seine modifizierte Abart (MA-I) unterscheidet sich von der Grundform nur durch die Anwesenheit von Lithium- und Berylliumoxiden. Die Differenzen der Verglasungstemperatur sind geringfügig. Die Abhängigkeit zwischen dem Ionisationsstrom und dem Gehalt von Plutonium-239 in identischen und parallel vorbereiteten Proben stellt Abb. 1 dar. Die in den Diagrammen angegebenen Vertrauensbereiche wurden nach der Variationsmethode für das Signifikanzniveau von 0,95 berechnet. Aus dem Diagramm geht deutlich ein erheblicher Anstieg der Ionisationsausbeute der Glasurproben MA-I hervor.

Als nächste würde die Glasur AD samt modifizierten Formen untersucht, die eine zunehmende Menge von Berylliumoxid (bei konstantem Gehalt von 5% Lithiumoxid) enthielten. Die Zusammensetzungen dieser Glasuren sind in Tab. 2 angegeben, während das Diagramm Abb. 2 die Abhängigkeit der Ionisationsströme vom Gehalt an

Tab. 1. Zusammensetzungen von Emaillen aus der Gruppe MA, in Gewichts-%

Emaillenzusammensetzung	Emaillenart	
	Grundform MA	Modifiziert MA-I
SiO_2	13,55	12,66
B_2O_3	14,30	13,36
PbO	57,33	53,57
Na_2O	9,56	8,93
K_2O	1,19	1,11
NiO	0,50	0,47
CaO	3,58	3,35
Li_2O	—	4,65
BeO	—	1,87
PuO_2	0,04 – 0,40	0,04 – 0,40
Verglasungstemperatur	630 °C	710 °C

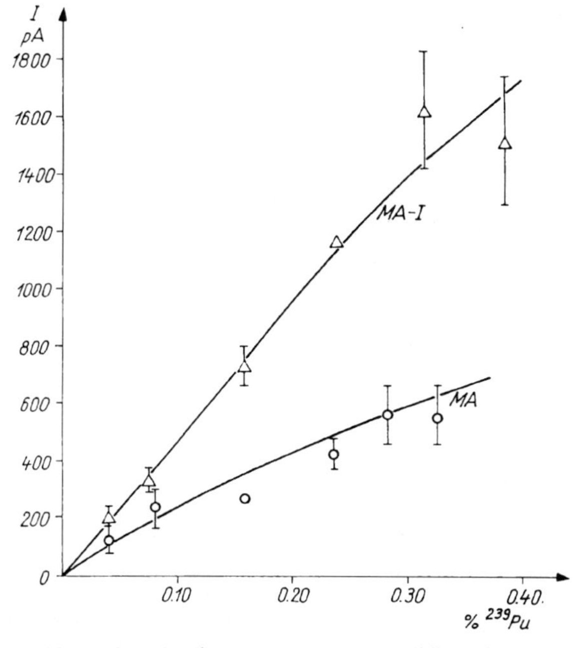

Abb. 1. Abhängigkeit des Ionisationsstromes vom ^{239}Pu-Gehalt in der Gruppe der MA-Emaillen

Plutonium-239 in den Proben darstellt. Aus den gewonnenen Ergebnissen geht hervor, wie — trotz des konstanten Gehaltes von ^{239}Pu — die Ionisationsausbeute der Proben unter dem Einfluß des Gehaltes einer nichtradioaktiven Komponente anwächst.

Die Zusammensetzung der mit dem Symbol AL bezeichneten Glasuren ist in Tab. 3 angegeben, aus der zu entnehmen ist, daß sich die modifizierte Art AL-I von der Grundform im Prinzip nur durch die Anwesenheit von Berylliumoxid unterscheidet. Das Lithiumoxid tritt in beiden Abarten der Glasur auf, dessen Anwesenheit für eine ordentliche Verglasung unentbehrlich war. Der Verlauf der Abhängigkeit der Ionisationsströme vom Gehalt des Plutoniums für beide Formen der AL-Glasur ist in Abb. 3 dargestellt. Die für die modifizierte Form von AL-I erhaltenen Werte liegen nur geringfügig höher als diejenigen, die die Grundform der AL-Glasur kennzeichnen.

Tab. 2. Zusammensetzungen von Emaillen aus der Gruppe AD, in Gewichts-%

Emaillen-zusammensetzung	Emaillenart				
	Grundform AD	Modifiziert			
		AD-I	AD-II	AD-III	AD-IV
SiO_2	10,00	10,00	10,00	10,00	10,00
B_2O_3	20,00	20,00	20,00	20,00	20,00
PbO	60,00	60,00	60,00	57,00	55,00
Na_2O	5,00	3,00	—	—	—
K_2O	5,00	—	—	—	—
Li_2O	—	5,00	5,00	5,00	5,00
BeO	—	2,00	5,00	8,00	10,00
PuO_2	0,07—0,38	0,07—0,38	0,07—0,38	0,07—0,38	0,07—0,38
Verglasungs-temperatur	620 °C	720 °C	730 °C	790 °C	850 °C

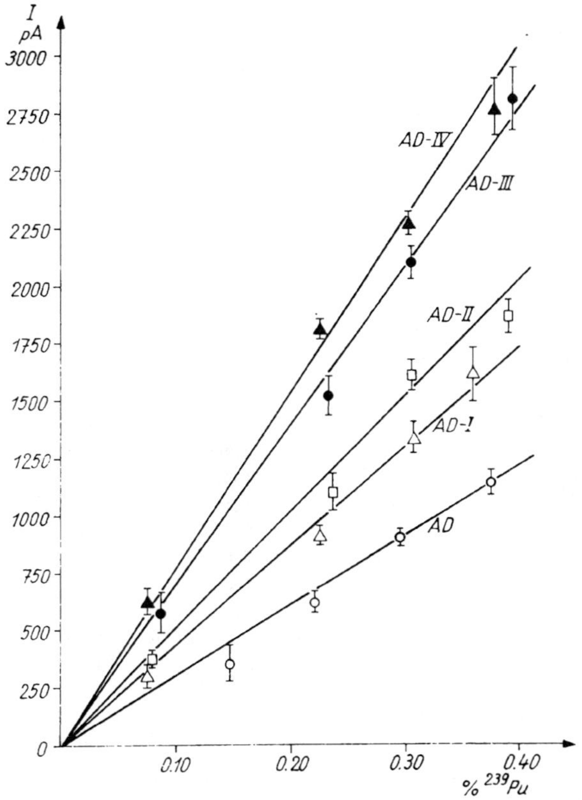

Abb. 2. Abhängigkeit des Ionisationsstromes vom ^{239}Pu-Gehalt in der Gruppe der AD-Emaillen

Die Zusammensetzungen der folgenden untersuchten Emaillen sind in Tab. 4 dargestellt. Die in Abb. 4 dargestellten Ergebnisse bestätigen nicht die bei den vorherigen Glasursystemen beobachtete Tendenz zum Anstieg des Ionisationsvermögens entsprechend den Beimischungen von Lithium- und Berylliumoxiden.

Vergleicht man die Zusammensetzungen von Emaillen, bei denen der Effekt des Anstiegs des Ionisationsvermögens aufgetreten ist (MA, AD und teilweise AL), mit denen, bei welchen solche Effekte nicht festgestellt wurden (BB und GR), so ist leicht zu bemerken, daß die letzteren kein Bleioxid oder Oxid eines anderen Metalls mit einer Atomzahl $Z > 30$, enthalten. Um die Rolle dieser Komponente zu überprüfen, wurden zusätzliche Modifikationen von Emaillen BB und GR untersucht, deren Zusammensetzungen in den Tab. 5 und 6 angegeben sind. Die modifizierten

Tab. 3. Zusammensetzungen von Emaillen aus der Gruppe AL, in Gewichts-%

Emaillen-zusammensetzung	Emaillenart	
	Grundform AL	Modifiziert AL-I
Na_2O	8,23	7,92
K_2O	6,45	6,21
Al_2O_3	4,73	4,55
P_2O_5	59,17	56,94
ZnO	11,83	11,38
MgO	4,73	4,55
Li_2O	4,73	4,55
BeO	—	3,85
PuO_2	0,04—0,44	0,04—0,44
Verglasungs-temperatur	560 °C	680 °C

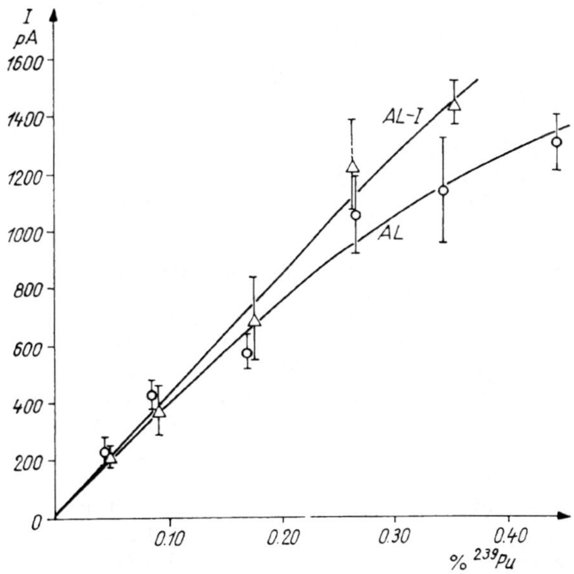

Abb. 3. Abhängigkeit des Ionisationsstromes vom ^{239}Pu-Gehalt in der Gruppe der AL-Emaillen

Formen des mit II, III und IV bezeichneten BB-Emails enthalten verschiedene Mengen von PbO. Wie aus Abb. 5 hervorgeht, bewirkt die Bleizugabe bei gleichzeitiger Anwesenheit von Lithium und Beryllium einen Anstieg der vorher nicht beobachteten (Abb. 4) Ionisationsaus-

Tab. 4. Zusammensetzungen von Emaillen aus der Gruppe BB, und GR, in Gewichts-%

Emaillen-zusammensetzung	Emaillenart			
	Grundform BB	Modifiziert BB-I	Grundform GR	Modifiziert GR-I
SiO_2	28,96	26,35	54,59	46,40
B_2O_3	18,61	16,93	13,81	11,73
Na_2O	6,56	5,07	13,77	11,70
K_2O	1,31	1,19	3,58	3,04
Al_2O_3	2,07	1,88	5,27	4,47
Fe_2O_3	0,020	0,018	0,074	0,060
BaO	42,37	38,55	—	—
CaF_2	—	—	7,30	6,20
Mn_2O_3	—	—	0,65	0,56
NiO	—	—	0,49	0,42
CoO	—	—	0,47	0,39
Li_2O	—	5,00	—	5,00
PuO_2	0,06 – 0,40	0,06 – 0,40	0,07 – 0,42	0,07 – 0,42
Verglasungs-temperatur	720 °C	710 °C	800 °C	820 °C

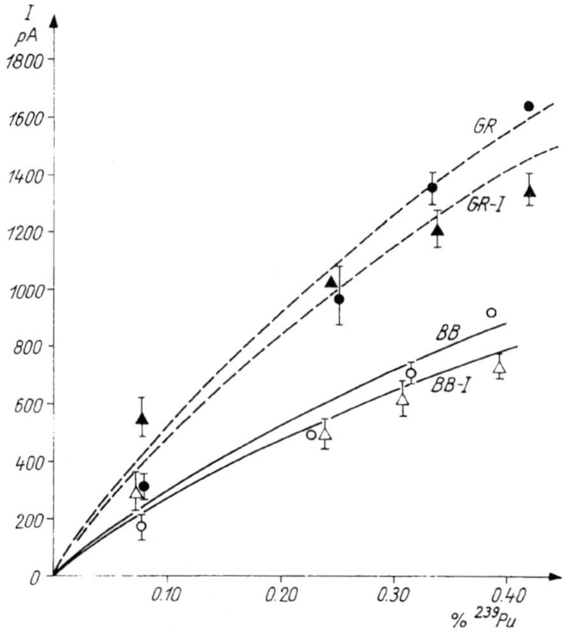

Abb. 4. Abhängigkeit des Ionisationsstromes vom ^{239}Pu-Gehalt in der Gruppe der BB- und GR-Emaillen

beute der BB-Glasur, wobei der maximale Effekt bei einem 5%-Gehalt dieser Komponente auftritt.

Die modifizierten, mit den Nummern II-V bezeichneten Formen des GR-Emails, enthalten eine 3%-Beimischung von Oxiden verschiedener Metalle mit den Atomzahlen von 30 bis 82.

Aus Abb. 6 geht hervor, daß — mit Ausnahme von Zinkoxid ($Z = 30$) — die übrigen Metalle einen in den Grenzen des Versuchsfehlers vergleichbaren Anstieg der Ionisationsausbeute der GR-Glasur gaben.

In den untersuchten Emaillen wurde der größte Anstieg der Ionisationsausbeute für die Glasur AD durch die Beimischung von Lithium- und Berylliumoxiden erreicht. In Abb. 7 sind vergleichsweise die Meßergebnisse des Energiespektrums der durch die Glasuren AD, AD-I und AD-IV emittierten Strahlung dargestellt. Zusätzliche Messungen, ausgeführt unter Verwendung von Blenden aus

Tab. 5. Zusammensetzungen weiterer Modifikationen des Emails BB, in Gewichts-%

Emaillen-zusammen-setzung	Emaillenart Modifiziert		
	BB-II	BB-III	BB-IV
SiO_2	26,35	26,35	26,35
B_2O_3	16,93	16,93	16,93
Na_2O	5,07	5,07	5,07
K_2O	1,19	1,19	1,19
BaO	18,55	28,55	33,55
Al_2O_3	1,88	1,88	1,88
Fe_2O_3	0,018	0,018	0,018
Li_2O	5,00	5,00	5,00
BeO	5,00	5,00	5,00
PbO	20,00	10,00	5,00
PuO_2	0,06 – 0,40	0,06 – 0,40	0,06 – 0,40
Verglasungs-temperatur	600 °C	620 °C	630 °C

Mylar-Folie (Abb. 8), können suggerieren, daß die Ionisation von der Alpha-Strahlung stammt, weil festgestellt wurde, daß die Folie mit einer Dicke von 3,45 mg/cm² einen praktisch undurchdringlichen Schild für die emittierten Teilchen bildet.

Die spektrale Energieverteilung der von den Glasuren GR-I und GR-III emittierten Strahlung weist aber eindeutig auf einen Anstieg der Strahlungsausbeute der Glasur mit beigemischtem Zirkoniumoxid hin (Abb. 9).

Diskussion

Der Anstieg der Ausbeute emittierter Teilchen und damit des Ionisationsvermögens wurde sowohl durch Messungen in der Ionisationskammer als auch mit einem Mehrkanalanalysator experimentell festgestellt. Die Meßergebnisse von Ionisationsströmen widersprechen im Prinzip nicht dem vorher beobachteten [6] Mechanismus der Entstehung von zusätzlichen, ionisierenden Fragmenten im Ergebnis

Tab. 6. Zusammensetzungen weiterer Modifikationen des Emails GR, in Gewichts-%

Emaillen-zusammensetzung	Emaillenart			
	Modifiziert			
	GR-II	GR-III	GR-IV	GR-V
SiO_2	44,76	44,76	44,76	44,76
B_2O_3	11,32	11,32	11,32	11,32
Na_2O	11,29	11,29	11,29	11,29
K_2O	2,93	2,93	2,93	2,93
Al_2O_3	4,32	4,32	4,32	4,32
Fe_2O_3	0,06	0,06	0,06	0,06
CaF_2	5,99	5,99	5,99	5,99
Mn_2O_3	0,53	0,53	0,53	0,53
NiO	0,40	0,40	0,40	0,40
CoO	0,38	0,38	0,38	0,38
Li_2O	5,00	5,00	5,00	5,00
BeO	10,00	10,00	10,00	10,00
ZnO	3,00	–	–	–
ZrO_2	–	3,00	–	–
WO_3	–	–	3,00	–
PbO	–	–	–	3,00
PuO_2	0,07–0,42	0,07–0,42	0,07–0,42	0,07–0,42
Verglasungs-temperatur	780 °C	750 °C	830 °C	860 °C

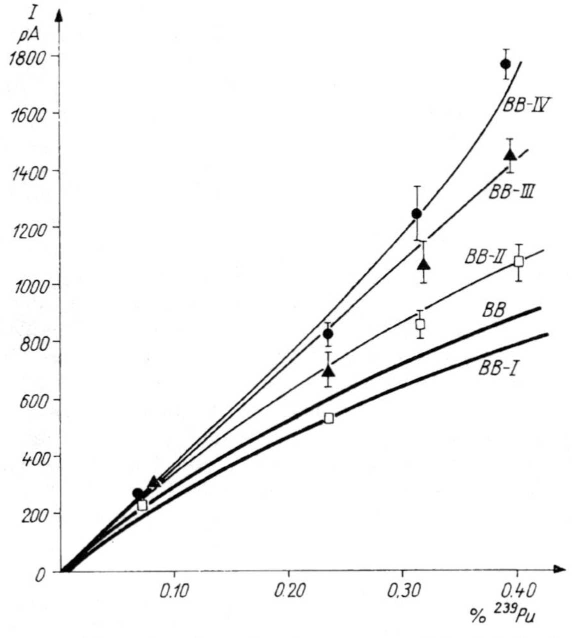

Abb. 5. Abhängigkeit des Ionisationsstromes vom ^{239}Pu-Gehalt in weiteren Modifikationen der BB-Emaillen

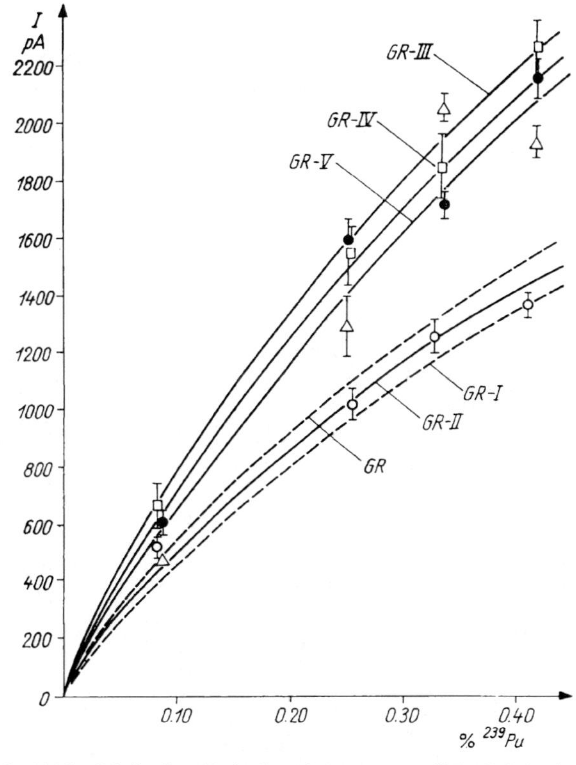

Abb. 6. Abhängigkeit des Ionisationsstromes vom ^{239}Pu-Gehalt in weiteren Modifikationen der GR-Emaillen

sekundärer Kernreaktionen ($^{9}Be(\alpha, n)^{12}C$ und $^{6}Li(n, \alpha)^{3}H$). Im Falle der Glasur AL kann man annehmen, daß der geringe Anstieg der Ionisationsausbeute (Abb. 3) ein Resultat der Anwesenheit der Lithiumkomponente auch im Grundemail ist. Auf diese Weise unterschied sich das modifizierte Email AL-I von der Grundform ausschließlich durch die Anwesenheit von Beryllium, was für den Verlauf der erwähnten Reaktionen eine unwesentlichere Bedeutung haben kann. Die Neutronen können auch im Ergebnis der Einwirkung von Alpha-Teilchen auf andere Elementen mit einer niedrigeren Ordnungszahl, wie Aluminium und Sauerstoff, die Bestandteile der beschriebenen Glasur sind, entstehen. Gewisse Zweifel können bei den Glasuren BB und GR entstehen, wo trotz Ein-

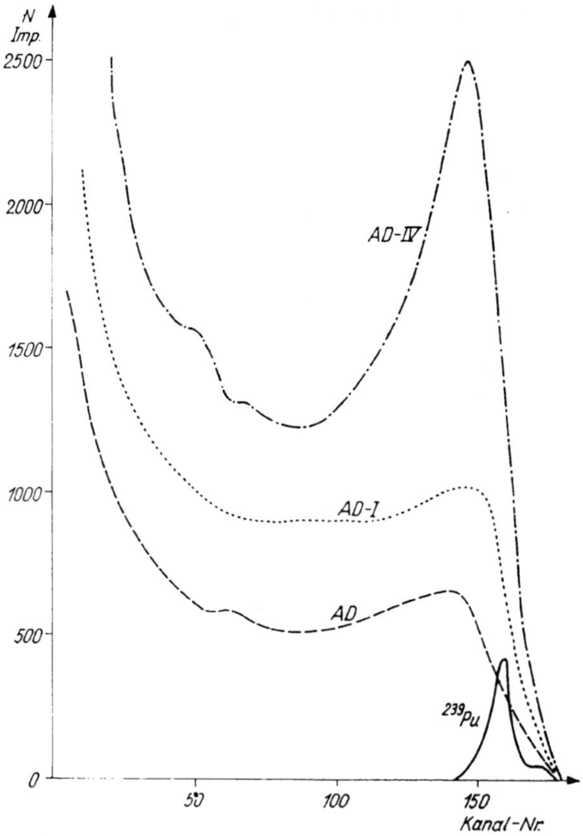

Abb. 7. Energiespektren von Emaillen aus der AD-Gruppe

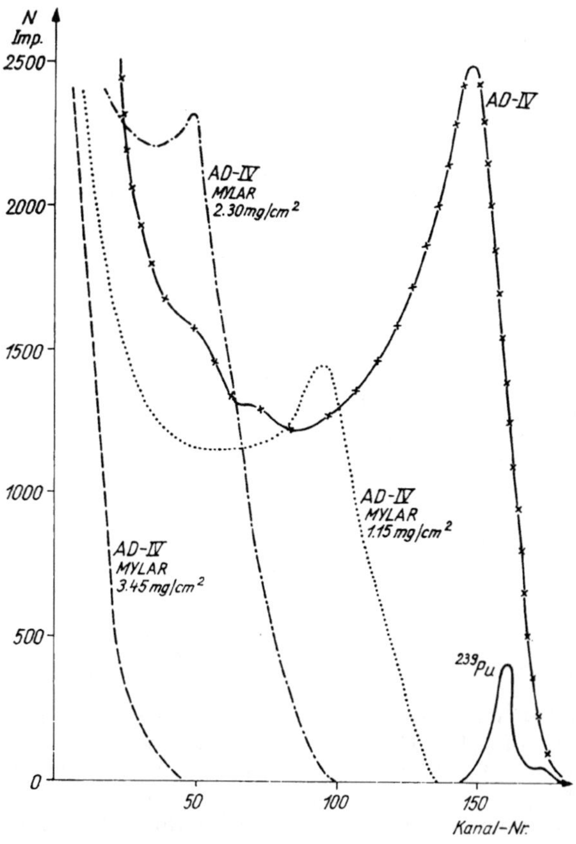

Abb. 8. Energiespektren des Emails AD-IV unter Verwendung von Blenden aus Mylar-Folie

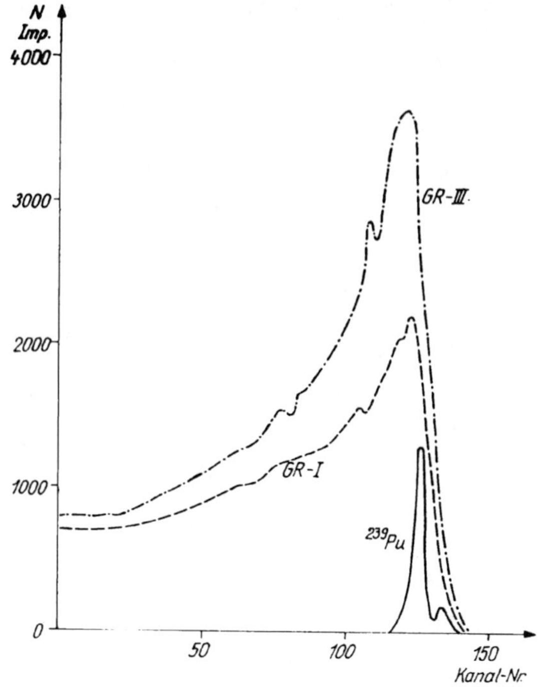

Abb. 9. Energiespektren von Emaillen aus der GR-Gruppe

führung in die modifizierten Emaillen von Lithium und Beryllium der erwartete Anstieg der Ionisationsausbeute (Abb. 4) nicht aufgetreten ist. Da ein solcher Anstieg erst in weiteren Modifikationen dieser Emaillen, der auf der Einführung eines Metalloxides mit einer Atomzahl $Z \geqq 40$ beruht (Abb. 5 und 6), könnte man sich vorstellen, daß hier ein gewisser Anteil der Bremsstrahlung wirkt. Geleitet durch diese Vermutung haben wir uns entschlossen, in weiteren Untersuchungen den Einfluß der Konzentration der metallischen Komponente (Abb. 5) sowie der Atomzahl (Abb. 6) zu überprüfen. Die in Abb. 5 dargestellten Ergebnisse deuten darauf hin, daß der Anstieg der Bleikonzentration in der Glasur über 5% zum Absorptionsanwachsen der emittierten Ionisationsstrahlung führt, obwohl das Ionisationsvermögen sogar bei einem PbO-Gehalt von 20% größer ist als bei Glasuren, die diese Komponente nicht enthalten. Wenn es sich um den Einfluß der Atomzahl handelt (die modifizierten Emaillen GR mit der Bezeichnung II bis V), so ergeben die übrigen Metalle $Z = 40 + 82$ – mit Ausnahme von Zink ($Z = 30$) – einen im Rahmen des Versuchsfehlers identischen Anstieg des gemessenen Wertes. Wenn es tatsächlich mit einer Emission und einer Bremsung von Primärteilchen zusammenhängen sollte, so konnten wir doch keine Abhängigkeit feststellen, obwohl die Glasuren Komponenten mit sich von 40 bis 82 ändernden Atomzahlen hatten.

Aus den Diagrammen der Energiespektren (Abb. 7 und 9) könnte man schließen, daß der Anstieg des Ionisationsvermögens modifizierter Formen der Plutoniumglasuren ausschließlich ein Ergebnis der Zunahme der Alpha-Strahlungsausbeute ist. Das bestätigen auch zusätzliche, für die Glasuren der Gruppe AD ausgeführte Messungen, wo Blenden aus Mylar-Folie mit zunehmender Dicke verwendet wurden und in deren Ergebnis man festgestellt hat, daß die Folie mit einer Dicke von 3,45 mg/cm² die emittierte Strahlung praktisch absperrt (Abb. 8), obwohl die gestrichelte Linie im Bereich der kleinen Energien auf die Anwesenheit der Bremsstrahlung hinweisen könnte.

Bei der Betrachtung von Kernreaktionen, die sich in Glasuren ereignen können, dürfen andere Faktoren (Dichteänderung, Änderung des Grades der Glasuroberflächenabwicklung) nicht außer Acht gelassen werden, einschließlich von Ungleichmäßigkeit der Zersetzung des radioaktiven Elementes in der Glasurschicht. Besonders anhand von Spektralmessungen könnte man denken, daß eine mehr oberflächliche Plutoniumbindung die Zugabe von modifizierenden Komponenten bewirkt. Die Klärung dieser Frage sollte weiteren Untersuchungen vorbehalten sein, bei denen die schichtweise Abnahme der Glasuroberschichten durch Schleifen oder Polieren geplant ist.

Teilweise wurden auch die Dichten mancher Formen des Emails AD bestimmt, die folgendermaßen aussehen:

AD	$d = 3{,}76$ g/cm^3
AD-I	$d = 3{,}20$ g/cm^3
AD-IV	$d = 2{,}72$ g/cm^3

Unter Annahme dieser Größen sowie der Reichweite der vom ^{239}Pu ($E = 5.15$ MeV) in der Luft emittierten Alpha-Teilchen, die 3,7 cm betrug, wurde die Reichweite in den oben genannten Glasuren nach der Formel [7] berechnet:

$$R = 3{,}2 \times 10^{-4} \frac{\sqrt{A}}{d} R_L$$

wobei:

A — Molekulargewicht der Glasur
d — Glasurdichte in g/cm^3
R_L — Reichweite der Strahlung in der Luft g/cm^2

Die Berechnungsergebnisse sehen folgendermaßen aus:

AD	$R = 4{,}25 \times 10^{-3}$ cm
AD-I	$R = 4{,}93 \times 10^{-3}$ cm
AD-IV	$R = 5{,}60 \times 10^{-3}$ cm

Aus den obigen Angaben geht hervor, daß die Senkung der Dichte auch zum Anstieg der Ionisationsausbeute der Quelle beitragen kann.

Anhand der in dieser Arbeit erhaltenen Ergebnisse kann man annehmen, daß auf den wahrgenommenen Anstieg der Ionisationsausbeute von radioaktiven Glasuren sowohl sekundäre, sich in der Glasur vollziehenden Kernreaktionen, wie auch die Änderungen der physikalischen Eigenschaften des Bindematerials, hervorgerufen durch die Zugabe von modifizierenden Komponenten, einen Einfluß haben können. Eine quantitative Einschätzung des Anteils dieser Faktoren würde die Durchführung von mühsamen Messungen der Emission von Tritiumionen und eventueller Beta-Strahlung in Anwesenheit von Alpha-Strahlung wie auch der Oberflächenbeschaffenheit der Glasuren sowie der Zersetzung des Radionuklides in der Glasurschicht erfordern.

Unabhängig von diesem komplexen Erscheinungsbild gibt es eine praktische, aus dieser Arbeit resultierende Schlußfolgerung: Man kann die effektive Aktivität einer Quelle bis auf das zweifache steigern, wenn eine entsprechende Zusammensetzung der stabilisierenden Glasur ausgewählt wird.

Danksagung — Die Autoren danken dem Laboratorium für Meßtechnik OPiDI-IBJ für die Ausführung von Spektralmessungen, Herrn Dipl.-Phys. *Witold Łada* für die zur Diskussion von Ergebnissen dieser Messungen aufgewandte Zeit und Mühe wie auch Frau *Barbara Fryc* für ihre Hilfe bei der Durchführung von Versuchen.

Eingegangen am 16. 2. 1982
Überarbeitete Fassung: 20. 5. 1982

Literatur

[1] *G. Vorman, D. Schoeneberg*, Isotopentechnik **2** (1962) 20
[2] *R. E. Lewis*, Isotopes and Radiation Technology **1** (1963) 84
[3] *L. J. Drabkina, J. W. Gatschina, D. N. Masurek, W. P. Mjasojedow, W. A. Prochorow, W. S. Sir Katschalov*, Patent document DT-PS 1764763, 26 April 1973, Int. C.: G21h, 5/00
[4] *M. Mielcarski*, Patent document PL 85774, 28 Februar 1977, Int. Cl.: G21h 4/00
[5] *B. T. Kenna*, Int. J. Appl. Radiat. Isot. **31** (1980) 233
[6] *M. Mielcarski, H. Iwinska*, Isotopenpraxis **16** (1980) 26
[7] *K. Siegbahn*, Alpha-, Beta- and Gamma-Ray Spectroscopy, North-Holland Publishing Company, Amsterdam 1965

On the Nature of Technetium Compounds
Part 2: Technetium Xenobiotics: The Disposition and Biological Fate of Urinary Technetium Metabolites

O. P. D. Noronha[1]), *K. S. Venkateswarlu*[2])

([1]) Radiation Medicine Centre, Bhabha Atomic Research Centre, Bombay; [2]) Chemistry Division, Bhabha Atomic Research Centre, Trombay)

The urinary metabolites obtained from Tc-compounds[3]), *compounds with different ligands, were subjected to paper chromatographic analyses and also bioanalyzed by performing tissue distribution studies in rats to investigate the biological fate of the respective Tc-metabolites. The data obtained shows that most of these compounds were biotransformed, the degree of biotransformation depending mainly on the respective compound. The simple anion, TcO_4^-, was found to be excreted unchanged or changed only to a very limited extent.*

Keywords

drugs; metabolism; rats; technetium compounds; urinary tract

Introduction

Technetium-99*m* compounds are increasingly used as parenteral (i. v.) diagnostic agents for both static and dynamic organ imaging as well as function studies in the realm of nuclear medicine. These are usually designated as Tc-radiopharmaceuticals since they are made to conform to the pharmacopoeial criteria of purity. The biological disposition and the clinical utility of some of these diagnostic agents have been summarized in a few reports [1–4]. The Tc-compounds that are commonly used in nuclear medicine are of different structural types, and vary from species that are soluble in aqueous media such as the simple anion, TcO_4^-, and complexes/chelates of Tc in lower valency conditions formed with a host of ligands to substances that are particulate or colloidal in aqueous solutions. The structural configurations of many of these products have not been fully elucidated.

Technetium compounds are by their vary nature foreign to the living system. Most of the compounds that are administered (i. v.) into living systems for diagnostic purposes are excreted out in some form or other, the urinary route being one of the more important modes of excretion [4]. The biological localizing properties of Tc-compounds namely their accumulation in various tissues have been extensively investigated but little is known about the nature of their urinary metabolites. A literature survey revealed that a few attempts had been made to explore the nature of metabolites during the course of the investigation of the main Tc-compounds like Tc-LIDA [5], Tc-pyridoxylideneglutamate [6], Tc-PyP [7], Tc-Cit [8], and TcO_4^- [9], but no systematic studies were made to identify, characterize and trace the biological pathway of most of them. It was, therefore, of interest to study the biological properties of these exogenous products, viz., of the urinary metabolites formed by some of the Tc-compounds administered into living systems. The study of metabolites is one of the several methods adopted in medicinal chemistry to arrive at a better understanding of the nature of drugs, mechanisms of action and also to design better compounds with improved characteristics.

Technetium is a transition element which can exist in a plurality of oxidation states and forms fairly stable complexes/chelates with diverse types of ligands. Water soluble metal complexes are generally known to be excreted out in the urine when administered into animals [10, 11]. In like manner it could be expected that most of the Tc-compounds especially complexes would also be excreted out into the urine. In the case of Tc-compounds the fraction of the injected dose appearing in the urine and rate of excretion depends to a large extent on the nature of the compound. The excreted urinary metabolites could exist as unchanged or biotransformed chemical entities of the original injected compounds. In order to characterize these products they were assayed by paper chromatographic procedures and their in vivo biological behaviour investigated by performing pharmacokinetic studies in rats.

Materials and Methods

The following compounds were studied: Tc-phytate (Phyt), Tc-lidocaine iminodiacetate (LIDA), Tc-pyrophosphate (PyP), Tc-ethylenediaminetetramethylene phosphonate (EDTMP), Tc-hydroxyethyldiphosphonate (HEDP), Tc-diethylenetriamine pentaacetate (DTPA), Tc-glucoheptonate (GHA), Tc-citrate (Cit), TcO_4^-, reduced TcO_4^- and Tc-sulphur colloid. The above mentioned Tc-compounds are used as Tc-radiopharmaceuticals in nuclear medicine. In the absence of a precise knowledge of the chemical structure of these compounds they are commonly represented by the metal-ligand involved, viz. Tc-(ligand). All the Tc-compounds were synthesized from the primary anion TcO_4^-. The Tc-complexes were prepared by employing the respective lyophilized Sn(II) – ligands (known as 'kits') which were treated (i. e. mixed) with TcO_4^- solution in physiological saline. Since reduced TcO_4^- could be classified as a reaction intermediate and since Tc-sulphur colloid – a coarse dispersion in aqueous solution is widely

[1]) Address: C/o Tata Memorial Hospital Annexe, Parel, Bombay-400 012. India

[3]) In this article the symbol Tc is usually taken to represent the radioisotope ^{99m}Tc.

used for imaging of the liver and spleen (reticuloendothelial system), these products together with TcO_4^- served as the controls vis-a-vis the complexes. The general methodology adopted to synthesize and assay these compounds (both paper chromatographic and tissue distribution in rats) has been elaborated in an earlier communication [4]. In this study, however, the Tc activity in the starting material TcO_4^- used in the synthesis was marginally higher and of the order of 2.50 mCi — 4.0 mCi in 4.0 ml except for the preparation of Tc-Phyt, Tc-LIDA, TcO_4^-, reduced TcO_4^- and Tc-sulfur colloid wherein 15—20 mCi were employed in order to obtain sufficient activity in the urine to conduct further studies. The injectate per rat had an approx. activity of 200—350 μCi in 0.3—0.4 ml. The rats were sacrificed 2 h post i. v. injection in order to accumulate and obtain sufficient urine, and the tissues counted in a γ-ray scintillation counter specially designed for animal tissues. (In the case of Tc-Phyt, Tc-LIDA, TcO_4^-, reduced TcO_4^-, Tc-sulphur colloid wherein a larger amount of actitity (1000—2250 μCi/0.3—0.4 ml) was administered per rat the target organs like the liver or the intestines or the gastrointestinal tract, as the case may be were stored at 2—4 °C and allowed to decay, and counted after a time interval of 24 h i.e. four half-lives of Tc).

At the end of the initial counting the urinary bladder with its contents was pierced open and the urine collected in a vial and closed with a rubber closure. No special safeguards were taken to prevent aerial oxidation. About 5—6 spots (1—5 μl) of the urine were applied on to Whatman Grade 1 paper chromatographic strips using a thin capillary tube, air dried and developed (12—16 cm) in three different solvent systems viz., 85—15 methanol-water (v/v), 0.145 M sodium chloride and 1.0 M sodium acetate-acetic acid buffer ($pH = 4.8$) solutions. The biological propensities of the urinary metabolites were determined by performing tissue distribution studies in rats. About 0.3—0.6 ml of the slightly diluted (with physiological saline) urinary contents were injected (i. v.) into two rats, the penis ligated, and were sacrificed 15 and 60 min post injection. The tissues were counted as described earlier. These experiments were conducted in duplicate.

Results and Discussion

Eleven Tc compounds broadly comprising of five different types and predominantly localizing in different tissues like liver and spleen, hepatobiliary-gut, bone-kidney/bladder, kidney/bladder, and the gastrointestinal tract-thyroid-salivary glands, etc. were investigated. The localizing characteristics of the Tc-compounds depends mainly on its chemical and structural configuration. The hepatosplenic agents are predominantly particulate or colloidal substances either in in vitro or in vivo like Tc-sulphur colloid, reduced TcO_4^- and Tc-Phyt. The hepatobiliary compounds (Tc-LIDA) depend on such properties like degree of lipophilicity, molecular weight, polarity or otherwise of terminal structural constituents, etc., The compounds showing a predilection for the bone tissue are phosphate-phosphonate types (Tc-PyP, Tc-HEDP, Tc-EDTMP), but the bone accretion is usually accompanied by kidnay/bladder concentration. The kidnay/bladder compounds (Tc-DTPA, Tc-GHA, Tc-Cit) display the clearance pattern of metal chelates in general and concentrate in these organs. The TcO_4^- anion shows a pseudo-halogen type of characteristic of biological accumulation in organs such as thyroid, G. I. tract, etc.. In the case of reduced TcO_4^- and Tc-Phyt these are slowly metabolized by the liver and the metabolites show up in the excreted urine. The degree and rate at which each of the above compounds concentrates in the kidney/urinary bladder, i.e. in urine, is determined largely by physico-chemical properties such as hydrophilicity, polarity of the compound or polarisability of the ion, lipid-water partition coefficient, pk values at body pH, renal tubule reabsorption, degree of protein binding and its reversibility, etc. of the compound in question, which once again depends on its structure. It is known that Tc-DTPA is very rapidly excreted by glomerular filtration from the system, and its clearance rate is similar to that of inulin [12]. On the other hand Tc-GHA and Tc-Cit are cleared at a slower rate. The bone agents also show significant levels of Tc-activity in the urine, and perhaps bone localization is an incidental property of these compounds derived from their structure. The percent distribution in bone and kidney/urine activity is sometimes dependent on the pathology of the bone. The urinary contribution of Tc-LIDA is small because it is mainly cleared by the hepatocytes through the biliary tract into the gut. The other compounds which show a low level of urinary accumulation are TcO_4^-, Tc-Phyt, reduced TcO_4^-, and Tc-sulphur colloid.

Most of the compounds or drugs introduced into the living systems are biotransformed into their metabolites. The metabolic products are generally more polar than the parent compounds from which they were derived, and could, therefore, elicit a (slightly) different biologic behaviour. The Tc-compounds injected into an animal and excreted into the urine could either be composed of unchanged molecules or chemically biotransformed (oxidized, reduced, hydrolyzed, conjugated etc.) molecules, the rate of biotransformation depending on the phylogenetic aspects of the species concerned, age, etc.. There are several different methods employed in the study-identification and characterization, of metabolic products. But because of some inherent limitations in the technique of analyzing Tc compounds in the light of the existing knowledge despite the radioactivity, only the broad classification by paper chromatography and the biologic specificity assay by tissue distribution, could be attempted.

The paper chromatographic behaviour of the urinary Tc-metabolites represented by the R_f values or $R_t - R_l$ values (where R_l— and R_t are the R_f values of the front and rear limits of the zones of activity, respectively) as well as the percent of the total activity present in each zone are given in Tab. 1. The corresponding values of the original Tc compounds are also included for the purposes of comparison. Since the developing solvent systems used do not unambiguously characterize the original Tc compounds from one another or from closely allied impurities, if any, other than reduced uncomplexed TcO_4^- (R_f 0.0 in aqueous development systems) and TcO_4^- it would be farfetched to expect better resolution for the metabolites [4]. However, the R_f values and the percent activity corresponding to the compound/metabolite zone do give an index of mobility and relative purity of the Tc-species involved when compared to the respective values for TcO_4^- and reduced uncomplexed TcO_4^-; especially since these latter two species are some of the more common impurities generally encountered in the study of Tc-compounds. It can be seen from the R_f values that most of the compounds have been definitely biotransformed

Tab. 1. R_f, $(R_t - R_l)$ values of major components of Tc-compounds and their unrinary metabolites in the solvent systems 85:15 methanol:water, 0.14: sodium chloride and 1.0 M sodium acetate-acetic acid buffer solutions using Whatman Grade 1 paper strips (ascending).
(The figures within parenthesis represent the percent of the total activity in the zone.)

Tc-compound/ Tc-metabolite	85:15 MeOH:H_2O		0.145 M NaCl soln.		1.0 M Acetate buffer soln.	
	Tc-compd.	Tc-met.	Tc-compd.	Tc-met.	Tc-compd.	Tc-met.
Tc-complex						
1. Tc-Phyt/-met	0.0 (70 %)	0.0 (40 %) 0.21 – 0.34 (27 %)	0.0 (33 %) trails	0.0 (13 %) 0.55 – 1.0*) (75 %)	0.0 (30 %) trails	0.0 (8 %) 0.49 – 0.90*) (77 %)
2. Tc-LIDA/-met	0.0 (29 %) 0.48 – 0.85 (58 %)	0.0 (9 %) 0.22 – 0.42 (28 %) 0.51 – 0.91 (41 %)	0.0 (30 %) 0.85 – 1.0 (56 %)	0.0 (2 %) 0.57 – 1.0*) (92 %)	0.0 (21 %) 0.70 – 1.0 (48 %)	0.0 (3 %) 0.55 – 1.0*) (90 %)
3. Tc-PyP/-met	0.0 (98 %)	0.0 (78 %)	0.0 (30 %) trails	0.0 (34 %) 0.70 – 1.0 (35 %)	0.0 (15 %) 0.85 – 1.0 (20 %)	0.0 (16 %) 0.66 – 1.0*) (62 %)
4. Tc-HEDP/-met	0.0 (98 %)	0.0 (91 %)	0.0 (2 %) 0.85 – 1.0 (55 %)	0.0 (7 %) 0.66 – 1.0*) (58 %)	0.0 (1 %) 0.85 – 1.0 (87 %)	0.0 (1 %) 0.85 – 1.0 (81 %)
5. Tc-EDTMP/-met	0.0 (70 %)	0.0 (92 %)	0.0 (1 %) 0.85 – 1.0 (77 %)	0.0 (0.6 %) 0.53 – 1.0*) (94 %)	0.0 (1 %) 0.84 – 1.0 (84 %)	0.0 (0.7 %) 0.52 – 1.0*) (96 %)
6. Tc-DTPA/-met	0.0 (6 %) 0.16 – 0.42 (85 %)	0.0 (10 %) 0.05 – 0.12 (82 %)	0.0 (4 %) 0.85 – 1.0 (92 %)	0.0 (0.3 %) 0.70 – 1.0*) (97 %)	0.0 (3 %) 0.85 – 1.0 (82 %)	0.0 (4 %) 0.55 – 0.90*) (96 %)
7. Tc-GHA/-met	0.0 (23 %) 0.17 – 0.44 (55 %)	0.0 (37 %) 0.22 – 0.58 (45 %)	0.0 (6 %) 0.85 – 1.0 (64 %)	0.0 (9 %) 0.74 – 1.0*) (65 %)	0.0 (19 %) trails	0.0 (10 %) 0.58 – 1.0*) (70 %)
8. Tc-Cit/-met	0.0 (10 %) 0.14 – 0.54 (87 %)	0.0 (15 %) 0.07 – 0.19 (58 %)	0.0 (2 %) 0.86 – 1.0 (54 %) trails	0.0 (1 %) 0.67 – 1.0*) (92 %)	0.0 (2 %) 0.85 – 1.0 (78 %)	0.0 (1 %) 0.60 – 1.0*) (93 %)
Control						
9. TcO_4^--/met	0.48 – 0.61 (98 %)	0.0 (6 %) 0.45 – 0.58 (76 %)	0.58 – 0.71 (98 %)	0.0 (1 %) 0.50 – 0.71*) (86 %)	0.51 – 0.68 (99 %)	0.0 (1 %) 0.44 – 0.72*) (90 %)
10. Red TcO_4^-/-met	0.0 (86 %) 0.0 – 0.07 (92 %)	0.0 (45 %) 0.0 – 0.06 (53 %) 0.22 – 0.34 (21 %)	0.0 (76 %) 0.0 – 0.07 (96 %)	0.0 (15 %) 0.56 – 1.0*) (73 %)	0.0 (67 %) 0.0 – 0.07 (83 %)	0.0 (14 %) 0.50 – 1.0*) (73 %)
11. Tc-S colloid/-met	0.0 (85 %) 0.0 – 0.05 (97 %)	0.0 (32 %)	0.0 (98 %)	0.0 (5 %) 0.64 – 1.0*) (68 %)	0.0 (90 %)	0.0 (8 %) 0.63 – 1.0*) (61 %)

*) The metabolite generally appears as a more diffuse band compared to the original compound.
N.B. The small discrepancy of some of the R_f values of Tc-compounds listed in Tab. 1 and those given in (4) pertain to the R_f region of 0.0. In the said reference the R_f 0.0 included the values for the range R_f 0.00 – 0.06 in the case of Tc-Phyt, -PyP, reduced TcO_4^- and sulfur colloid only.

into their respective metabolites. The chromatographic pattern of the metabolites in 85% MeOH system shows that there is little activity corresponding to the free $^{99m}TcO_4^-$ zone. This indicates that most of the compounds are not biologically transformed (oxidized) to Tc(VII) species as TcO_4^-. This is so despite the fact that the stability of the species formed was unknown and no particular measures were taken to avoid aerial oxidation. The behaviour of the metabolites arising from phosphate/phosphonate type of compounds like Tc-Phyt, TcPyP, Tc-HEDP, Tc-EDTMP closely resemble those of the parent compounds, i.e. a large percent of the activity remains at R_f 0.0. Similarly the mobilities of the metabolites of the kidney complexes such as Tc-DTPA, Tc-Cit are closely alike with most of the activity remaining within a narrow band (R_f 0.06 – 0.15) in 85% MeOH system. These as well as the one produced from Tc-GHA once again resemble the parent compounds. In the other two aqueous systems, 0.145 M NaCl and 1.0 M acetate buffer solutions, all the metabolites excepting TcO_4^- migrate as a diffuse band of activity. In most of the cases the extended $R_t - R_l$ value includes the region of TcO_4^-, therefore no definite conclusions can be arrived at. The urinary metabolites of TcO_4^- alone displays the R_f characteristics of the parent compound TcO_4^- in all the three different solvent systems, suggesting thereby that it is probably excreted as a more or less unchanged species. The chromatographic patterns indicate that a small percent of the activity remains at R_f 0.0 in the aqueous (polar) solvent systems. This could have been produced either by any reduced Tc species including TcO_2 present in the metabolite or caused by adsorption on to the paper during the process of application since 5 – 6 droplets were applied on the paper at the point of origin.

Urinary Tc activity is normally associated with Tc-complexes/chelates, i. e. Tc-PyP, Tc-HEDP, Tc EDTMP, Tc-DTPA, Tc-GHA, Tc-Cit and to a lesser extent with Tc-LIDA because of its predominant hepatobiliary excretion. The other compounds like TcO_4^-, reduced TcO_4^-, Tc-Phyt, Tc-sulphur colloid display very little urinary (i.e. kidney + bladder) activity [4]. In order to obtain at least sufficient urinary activity required for further studies in the case of the latter group of compounds, larger amounts (activity wise) of the parent compounds were initially injected into the donor animals. The procedure helped to increase the urinary metabolite activity of the listed compounds except that obtained consequent to the administration of Tc-sulphur colloid. The injection of the latter resulted in insignificant amounts of activity and hence only a limited chromatographic evaluation of the metabolite could be attempted.

The pharmacokinetic pattern of biologic distribution of Tc metabolites is presented in Tab. 2 and 3 representing the 15 and 60 min uptake values respectively in the various tissues. It can be seen that TcO_4^- is virtually excreted unchanged and the metabolites also depicts the typical biodistribution of the TcO_4^- anion excepting for a slight increase in the kidney and urinary bladder activity. The activity in these organs is more pronounced at 60 min time period as the blood levels decrease. The metabolite

Tab. 2. Tissue distribution of Tc in rats at 15 min*) following iv administration of Tc metabolites (Results expressed as percent administered dose, range of values)

Tc metabolite of	Spleen	Liver	Stomach + Contents	Intestines + Contents	Kidneys	Bladder	Thyroid	Lungs	Blood (average)	Muscle (average)	Bone + Marrow (average)
Tc-complex											
1. Tc-Phyt	0.2–0.3	12.0–12.6	1.0–1.5	8.0–9.0	9.4–11.8	21.2–23.3	0.0	1.5–3.1	8.5–8.6	8.6	5.1–6.7
2. Tc-LIDA*)	0.1–0.2	15.7–16.6	0.8–1.0	17.3–21.4	10.3–14.3	0.2–0.4	0.1	1.1–1.3	10.9–12.9	19.1–21.0	3.2–3.4
3. Tc-PyP	0.0–0.2	4.6–9.2	0.7–1.0	3.3–3.9	6.1–8.4	19.5–22.5	0.0	1.0–1.9	4.4–5.7	12.6	23.7
4. Tc-HEDP	0.0–0.1	1.5–2.5	0.6	2.6–2.8	3.6–7.8	24.0–36.2	0.0–0.1	0.6–0.8	4.2–5.4	13.2–15.2	36.9–40.8
6. Tc-EDTMP	0.1	1.5–1.9	0.6–1.3	2.2–2.8	5.2–6.6	36.4–41.5	0.0–0.1	0.4–0.6	3.6–5.6	5.6–14.8	24.7–34.6
6. Tc-DTPA	0.0–0.1	1.4–1.6	0.5–0.6	2.9–3.1	6.2–10.6	23.7–38.1	0.0	0.5–0.6	4.5–7.1	15.3–16.9	0.5
7. Tc-GHA	0.2–0.3	7.9–12.2	0.7–1.8	7.4–9.1	11.4–19.2	8.7–22.2	0.1	0.8–1.1	9.3–12.2	15.9–17.7	3.8–5.1
8. Tc-Cit	0.1	3.3–3.5	0.6–0.8	4.0–4.7	8.3–9.5	20.6–26.5	0.1	0.4–0.7	7.0–8.0	17.1–23.2	7.6
Control											
9. TcO_4^-	0.2–0.3	4.4–4.9	18.4–20.4	15.0–16.3	3.2–3.9	6.1–7.1	0.9–1.6	0.8–1.0	9.2–9.6	11.8–14.1	3.8–4.0
10. Red. TcO_4^-	0.1–0.3	10.2–12.7	0.8–0.9	7.5–9.0	9.6–10.9	20.5–27.0	0.0–0.1	1.5–4.3	7.6–10.3	10.4–13.9	3.2–4.3
11. Tc-S colloid	–	–	–	–	–						

Each data represent two animals.
*) Distribution at 5 min interval instead of 15 min
The biodistribution of urinary metabolites produced from Tc-S colloid could not be performed because of the very low levels of Tc activity contained in the urine sample

Tab. 3. Tissue distribution of the Tc in rats at 60 min following i.v. administration of Tc metabolites (Results expressed as percent dose, range of values)

Tc metabolite of	Spleen	Liver	Stomach + Contents	Intestines + Contents	Kidneys	Bladder	Thyroid	Lungs	Blood (average)	Muscle (average)	Bone + Marrow (average)
Tc-complex											
1. Tc-Phyt	0.1–0.2	9.1–9.5	0.8–1.2	10.3–14.5	12.0–13.6	42.2–43.4	0.1–0.2	0.5–2.5	3.4–3.6	3.4	3.0–3.6
2. Tc-LIDA	0.0	2.0–2.5	0.5–1.2	37.8–43.5	8.4–9.5	30.8–35.5	0.0	0.1–0.2	1.8–2.1	2.9–3.6	0.1–0.4
3. Tc-PyP	0.0	6.9	0.9	3.6	7.6	39.6	0.0	0.5	2.0	2.4	39.9
4. Tc-HEDP	0.0–0.1	0.6–1.0	0.0–0.3	1.3	1.3–12.3	40.7–48.3	0.0–0.1	0.2–0.4	0.4–1.4	0.0	54.4–57.6
5. Tc-EDTMP	0.0	1.0–1.4	0.2	2.3–2.7	2.7–5.6	52.6–60.6	0.0	0.1–0.2	1.0–1.5	2.1	37.1–42.9
6. Tc-DTPA	0.1	0.8	0.4	2.1	2.7	63.8	0.0	0.2	1.4	2.8	0.5
7. Tc-GHA	0.1–0.3	6.3–11.0	0.5–1.5	13.2–14.3	15.3–18.2	14.1–36.0	0.1–0.2	0.3–0.5	4.5–4.7	4.6–4.9	1.7–3.1
8. Tc-Cit	0.0–0.1	1.8–2.2	0.6–0.7	5.0–5.6	7.2–8.9	55.9–67.3	0.0	0.2	1.7–3.0	3.1	2.5–4.4
Control											
9. TcO_4^-	0.1–0.2	2.3–3.8	24.6–24.9	16.5–17.1	3.1–3.4	13.8–16.8	1.3–1.4	0.3–0.4	3.3–4.6	3.8–5.6	1.6–3.5
10. Red. TcO_4^-	0.1–0.2	5.5–7.9	1.1–2.8	12.5–16.0	9.8–11.3	32.3–48.8	0.0	0.8–1.9	2.7–3.1	3.6	2.7–3.1
11. Tc-S colloid	–	–	–	–	–	–	–	–	–	–	–

Each data represent two animals except in the case of the metabolites of Tc-PyP and -DTPA (one animal)
The distribution of the urinary metabolites produced from Tc-S colloid could not be performed because of the very low levels of Tc activity contained in the urine sample.

obtained from reduced TcO_4^- does not depict the biologic (R. E. localising) property of the parent compound. This product also shows pronounced urinary, i.e. kidney and bladder activity accompanied with a fall of Tc activity in the blood. The behaviour of the metabolite obtained from Tc-Phyt closely resembles the metabolite obtained from reduced TcO_4^-. The product does not show any liver (R. E.) localization as in Tc-Phyt, but shows increased levels of activity in kidneys, urinary bladder and in the intestines. These organs show increased uptakes with time as the vascular (blood) pool activity decreased. The metabolite of Tc-LIDA in addition to partly retaining the hepatobiliary properties of the parent compound, though at a reduced level, as seen from the uptake values in liver and intestines at 5 and 60 min time periods respectively also displays increased kidney and bladder concentration. The metabolites obtained from the three bone agents, Tc-PyP, Tc-HEPD, Tc-EDTMP also retain the characteristics of their respective parent compounds, i.e. bone localization together with kidney and bladder uptake. In like manner the metabolites of Tc-DTPA, Tc-GHA, and Tc-Cit also resemble the parent analogues. Thus, most of the metabolites of the Tc-complex/chelates studied retain the essential biologic localizing function of the parent compounds. That is, they are only marginally biotransformed and the primary ligands associated with the central metal atom(s) are not detached away from it. On the other hand the metabolites of Tc-Phyt and reduced TcO_4^- lose their original biologic identities, while the metabolite of TcO_4^- is biotransformed only to a very small extent. The absence of increased uptake in the thyroid of the animals studied by tissue distribution indicates that probably there are no appreciable amounts of free TcO_4^- formed or present in the metabolites of complexes owing to biologic degradation or by any other means. This suggests that Tc is probably not cleaved off from the molecule and converted to Tc(VII) as TcO_4^- and the Tc species as obtained in the metabolites are relatively stable. But since the thyroid itself picks up and concentrates only a fractional amount of the TcO_4^- present in the metabolite, if any, the above premise is not very reliable. It is known that TcO_4^- is avidly picked up and accumulated in the gastrointestinal tract in much larger amounts. Since the tissue distribution studies indicated only a finite intestinal concentration without the accompanying gastric accumulation, it could be inferred that free TcO_4^- is not present in appreciable amounts in the metabolites studied. This surmise is further corroborated from the indirect evidence afforded by the paper chromatographic studies. All the metabolites, especially those obtained from Tc-Phyt, Tc-LIDA, reduced TcO_4^-, TcO_4^- depict increased kidney and urinary bladder activity as compared to their parent compounds, showing thereby that the metabolites are indeed converted into slightly more polar compounds.

Received February 10, 1982

References

[1] *W. C. Eckelman, S. M. Levenson*, Int. J. Appl. Radiat. Isotopes **28** (1977) 67
[2] *W. M. Moller*, Chemiker-Zeitung **103** (1979) 41
[3] *O. P. D. Noronha*, Nuklearmedizin **17** (1978) 110
[4] *O. P. D. Noronha, K. S. Venkateswarlu*, Eur. J. Nucl. Med. **6** (1981) 121
[5] *M. D. Loberg, M. Cooper, E. Harvey, P. Callery, W. Faith*, J. Nucl. Med. **17** (1976) 633.
[6] *R. J. Baker, J. C. Bellen, P. M. Ronai*, J. Nucl. Med. **16** (1975) 720
[7] *C. Schumichen, K. R. Schumichen, G. Hoffmann*, Nuklearmedizin **13** (1974) 252
[8] *S. H. Yeh, J. P. Kriss*, J. Nucl. Med. **8** (1967) 666
[9] *S. K. Shukla, G. B. Manni, C. Cipriani*, J. Chromatogr. **143** (1977) 522
[10] *R. H. Adamson, D. S. Davies*, Comparative aspects of absorption, distribution, metabolism and excretion of drugs, ed. *M. J. Michelson*, Comparative Pharmacology, Vol. II, Oxford: Pergamon Press 1973, p. 351
[11] *L. Saunders*, The Absorption and Distribution of Drugs, London: Baillere Tindall 1974, p. 45
[12] *V. Braren, P. N. Versage, J. J. Touya, A. B. Brill, J. Goddard, R. K. Rhamy*, J. Urology **121** (1979) 145.

Kurze Originalmitteilungen

Komplexkatalyse mit Technetiumverbindungen. Hydrierung von Alkenen und Hydridokomplexe des Technetiums

L. Kaden, B. Lorenz, M. Wahren

(AdW der DDR, Zentralinstitut für Isotopen- und Strahlenforschung)[1])

Keywords

alkenes; catalysis; complexes; hydrogenation; technetium 99

Technetium fällt bei der Kernenergieerzeugung mit einer Spaltausbeute von 6% an. Die Suche nach einer sinnvollen Verwertung des Elementes liegt auf der Hand, zumal es große Ähnlichkeit mit seinem höheren, aber sehr seltenen Homologen Rhenium aufweist. Es ist klar, daß Technetium aufgrund seiner Stellung im Periodensystem irgendwelche katalytischen Eigenschaften haben muß. Damit ist aber nicht gesagt und auch theoretisch nicht vorhersagbar, ob es eine bestimmte Reaktion besser als alle anderen Elemente katalysiert.

In den sechziger Jahren wurden zahlreiche, gegenüber C–C-Mehrfachbindungen hydrieraktive Übergangsmetallkomplexverbindungen entdeckt. Hiernach vermögen sämtliche Metalle der 8. und darüber hinaus auch einige der 7. bis 4. und der 1. Nebengruppe, insbesondere solche mit d^8- bis d^6-Konfiguration, hydrieraktive Spezies zu bilden,

[1]) Anschrift: 7050 Leipzig, Permoserstraße 15

Tab. 1.

Wertigkeit	Konfiguration	Verbindung	Literatur
V	d^2	$TcNCl_2(Ph_3P)_2$; $TcNCl_2(PhEt_2P)_3$; $TcNCl_2(Me_2PhP)_3$; $TcN(dtc)_2$	[17]
IV	d^3	$TcCl_4(Ph_3P)_2$; $TcCl_4(Ph_2EtP)_2$; $TcCl_4(PhEt_2P)_2$	[18, 19]
III	d^4	$TcCl_3(Me_2PhP)_3$; $TcCl_3(Et_2PhP)_3$; $TcCl_3(diphos)_2$	[9, 18]
II	d^5	$TcCl_2(diphos)_2$	[14]
I	d^6	$TcCl(CO)_3(Ph_3P)_2$; $TcH(N_2)(diphos)_2$	[20, 13]
		Ph = Phenyl; Me = Methyl; Et = Ethyl; dtc = Diethyldithiocarbamat diphos = 1,2-Bis(diphenylphosphano)ethan	

wobei deren Aktivität in sehr weiten Grenzen schwanken kann [1]. Als besonders geeignet erwiesen sich hierbei Komplexverbindungen, die koordinativ ungesättigt und deren Zentralatome niederwertig, d. h. elektronenreich sind, bzw. die selbst schon potentiell hydrieraktive Zwischenstufen darstellen, wie z. B. $HRh(CO)(Ph_3P)_3$ [2].

In der 7. Nebengruppe sind bisher nur wenige Vertreter bekannt, die C–C-Mehrfachbindungen hydrieren. Es handelt sich hierbei um $Mn_2(CO)_{10}$ [3] und einige π-Allyltetracarbonylmangan(I)-komplexe mit partiell substituierten Phosphiten bzw. Phosphanen [4], sowie um Hydridopentacarbonylmangan, das jedoch mit α-Methylstyren nur stöchiometrisch reagiert [5]. In polaren organischen Lösungsmitteln ist ein Gemisch aus $ReCl_5/SnCl_2$ katalytisch aktiv [6]. Kürzlich wurde gefunden, daß sich der Komplex $ReH_5(Me_2PhP)_3$ bei Bestrahlung (366 nm) in eine reaktive Form umwandelt, die befähigt ist, Wasserstoff zu aktivieren und die Hydrierung terminaler Olefine zu katalysieren [7].

Komplexverbindungen des Nachbarelementes Ruthenium hingegen zeichnen sich durch ausgezeichnete Hydrieraktivität aus. Sie besitzen außerdem noch eine ausgesprochene Substratspezifität gegenüber α-Olefinen [8]. Unsere Suche ging daher nach hydrieraktiven Technetiumkomplexverbindungen. Wie eingangs erwähnt, sollten hierfür Komplexverbindungen des niederwertigen Technetiums mit möglichst noch frei verfügbaren Koordinationsstellen besonders geeignet sein. Aus diesem Grunde testeten wir eine Reihe von Koordinationsverbindungen des Technetiums in den Wertigkeitsstufen V bis I auf ihre katalytische Wirksamkeit bei der Hydrierung von Alkenen. Bei den eingesetzten Komplexverbindungen handelte es sich um bereits in der Literatur beschriebene, aber auch von uns eigens hierfür dargestellte. Sie sind in Tab. 1 aufgeführt. Als Testolefine, zugleich Vertreter für endständige und innenständige Olefine, dienten Oct-1-en und Cyclohexen. In typischen Ansätzen wurden jeweils 0,1 mMol Technetiumkomplexverbindung in 20 ml thiophenfreiem Benzen gelöst und danach 10 mMol Testolefin unter Wasserstoff (0,1 MPa, 293 K) zugegeben. Die Reaktionsmischung wurde 24 Stunden gerührt und anschließend gaschromatographisch analysiert. In keinem der durchgeführten Reaktionsansätze fand eine Hydrierung des Alkens zum Alkan statt. Offenbar reicht unter den gewählten Versuchsbedingungen Wasserstoff allein nicht aus, um mit den eingesetzten Technetiumverbindungen hydrieraktive Spezies zu bilden, so daß für deren Bildung unbedingt zusätzliche Reduktionsmittel notwendig sind.

Mit Verbindungen des Typs $TcCl_4L_2$, die nach *Mazzi* relativ einfach aus Pertechnetat, Salzsäure und Phosphan in Ethanol zugänglich sind [9], gelang es uns mit $L = Ph_3P$ und mit Natriumamalgam als zusätzlichem Reduktionsmittel hydrieraktive Lösungen zu erhalten. Bei der Reduktion von $TcCl_4(Ph_3P)_2$ mit Na/Hg in Wasserstoffatmosphäre änderte sich die Farbe der Benzenlösung von grün über grauviolett nach hellgelb. Fünf Stunden Reaktionszeit erwiesen sich für die optimale Bildung der hydrieraktiven Spezies als am günstigsten. Um auszuschließen, daß fein verteiltes metallisches Technetium die Hydrieraktivität bewirkt, teilten wir einige Ansätze und gaben zur einen Hälfte direkt das Testolefin zu. Die andere Hälfte wurde unter Luftausschluß zentrifugiert und die resultierende Lösung zur Hydrierung eingesetzt. Beide Proben gaben völlig analoge Resultate. Trotzdem wurde in den folgenden Versuchen die Benzenlösung stets von dem quecksilberhaltigen Schlamm abdekantiert. Zu dieser Lösung, in typischen Ansätzen wurden 0,25 mMol $TcCl_4(Ph_3P)_2$ in 50 ml Benzen eingesetzt, wurden jeweils 8 mMol Alken gegeben; die Mischung wurde 12 Stunden unter Wasserstoff gerührt und danach gaschromatographisch analysiert. Blindversuche ohne Zusatz von Technetiumkomplex ergaben kein Alkan. Die erhaltenen Ergebnisse sind in Tab. 2 aufgeführt.

Tab. 2. Hydrierversuche mit $TcCl_4(Ph_3P)_2$ (Lösungsmittel: Benzen; Reduktionsmittel: Na/Hg; 0,1 MPa H_2; 293 K; 12 h [Tc]:[Alken] = 1:30)

Zugesetztes Phosphan mMol	Alken	Alkan mMol
—	Cyclohexen	5
$2Ph_3P$	Cyclohexen	9–11
$5Ph_3P$	Cyclohexen	5
$3EtPh_2P$	Oct-1-en	8–11
$3Ph_3P$	Oct-1-en	8
$3EtPh_2P$	Cyclohexen	12–15
$2(C_6H_{11})_3P$	Cyclohexen	1
$2(n\text{-}Bu)_3P$	Cyclohexen	—
1diphos	Cyclohexen	—

Die katalytische Aktivität ist deutlich, aber nicht sehr hoch. Selbst die besten Ansätze führten nur zur Hydrierung der Hälfte des eingesetzten Olefins, danach war der Katalysator inaktiv. Die Ausbeuten an Alkan sind in verschiedenen Ansätzen reproduzierbar, deshalb kann es sich bei der Desaktivierung nicht ausschließlich um Oxydation durch Sauerstoffspuren handeln. Ein deutlicher Unterschied zwischen Oct-1-en und Cyclohexen ist nicht feststellbar. Ein Maximum an Hydrieraktivität erhält man bei Zusatz von 2 bis 3 Mol Phosphan pro Mol Ausgangskomplex $TcCl_4(Ph_3P)_2$. Ein Überschuß an Phosphan in der Lösung hemmt jedoch die Hydrierung. Wie bei allen

Tab. 3. Hydrierversuche in THF
(293 K; 0,1 MPa H_2; 12 h; [Tc]:[Alken] = 1:30)

Tc-Komplex	Reduktionsmittel	Alken	Alkan mMol	Zugesetztes Phosphan mMol
$TcCl_4(Ph_3P)_2$	$LiAlH_4$	Cyclohexen	8	3 PPh_3
$TcCl_4(Et_2PhP)_2$	$LiAlH_4$	Cyclohexen	8	—
$TcCl_3(Et_2PhP)_3$	$LiAlH_4$	Cyclohexen	8	—
$TcCl_4(Et_2PhP)_2$	$LiAlH_4$	Oct-1-en	6	—
$TcCl_3(Et_2PhP)_3$	$LiAlH_4$	Oct-1-en	5,5	—
$TcCl_4(Ph_3P)_2$	$LiAlH_4$	Oct-1-en	3,5	—
$TcCl_4(Ph_3P)_2$	$LiAlH_4$	Oct-1-en	3,5	3 PPh_3
$TcCl_4(EtPh_2P)_2$	$LiAlH_4$	Oct-1-en	6,5	—
$H_7Tc(Et_2PhP)_2$	—	Cyclohexen	7	—
$H_2TcCl(diphos)_2$	—	Cyclohexen	—	—

hydrieraktiven Übergangsmetallkomplexen mit Phosphanen als Coliganden ist ein deutlicher Einfluß der Substituenten am Phosphor auf die Hydrieraktivität festzustellen. Am günstigsten erwies sich Ethyldiphenyl- gefolgt von Triphenylphosphan. Zusatz der basischeren aliphatischen Phosphane Tri-n-butylphosphan bzw. Tricyclohexylphosphan führte zum Verlust der Hydrieraktivität, ebenso wie der Zusatz des Chelatliganden 1,2-Bis-diphenylphosphanoethan (diphos). Anscheinend sind diese 3 Phosphane derart fest an das Technetium gebunden, daß in Lösung nahezu keine Dissoziation stattfindet und somit für das Alken frei verfügbare Koordinationsstellen fehlen.

Hydrieraktive Spezies konnten auch nach vorheriger Reduktion von Chlorophosphantechnetiumkomplexen mit $LiAlH_4$ in siedendem THF erhalten werden. Hier war die Katalysatorvorbereitungszeit im Vergleich zur Amalgamreduktion deutlich kürzer. Sie betrug nur 1 Stunde. Die katalytische Aktivität ist aber, wie aus Tab. 3 ersichtlich, ebenfalls gering.

Chancenreich erschien auch noch die Darstellung hinreichend stabiler Hydridokomplexe und deren Einsatz als Hydrierkatalysatoren. Hydridokomplexe des Technetiums sind wenig untersucht worden. Bisher existierten nur 2 Vertreter dieser Verbindungsklasse, und zwar das von *Ginsberg* synthetisierte Dikaliumenneahydridotechnetat [10] und das von *E. O. Fischer* erhaltene Dicyclopentadienyltechnetiumhydrid [11]. Charakteristisch für beide sind die großen Halbwertsbreiten der Signale im Hydridbereich der ^{1}H–NMR-Spektren. Hydridokomplexe mit ein- bzw. zweizähnigen Phosphanen als Coliganden waren bisher noch unbekannt. Erste Hinweise auf die Existenz derartiger Spezies erhielten wir bei Austauschversuchen des vermutlichen Bis(1,2-bisdiphenylphosphanoethan)distickstofftechnetiums in Benzen mit Wasserstoff [12].

Der Distickstoffkomplex, nach Strukturanalyse selbst ein Hydrid [13], reagiert mit Wasserstoff unter Austausch des N_2-Liganden und der Bildung von Hydridspezies, wie das NMR-Spektrum der Lösung beweist. Im Hydridbereich treten 2 Signale bei τ-Werten von 15,2 und 16,8 ppm auf. Es gelang uns jedoch nicht, aus der Lösung eine definierte, analysenreine Verbindung zu isolieren. Wir versuchten daher, einen entsprechenden Hydridokomplex auf andere Art und Weise darzustellen, nämlich durch Reduktion von Dichloro-bis(1,2-bisdiphenylphosphanoethan)technetium [14] mit Lithiumaluminiumhydrid in THF. Hierbei entsteht jedoch nicht das erwartete, durch Substitution der beiden Chlorliganden gebildete Dihydrid sondern wir konnten eine Verbindung isolieren, die sich als Dihydridochlorobis(1,2-bisdiphenylphosphanoethan)technetium mit der formalen Koordinationszahl sieben erwies [15].

Für die Darstellung von Hydridokomplexen mit einzähnigen Phosphanen als Coliganden wählten wir den gleichen Syntheseweg. $TcCl_4L_2$ (L = Et_2PhP) [9] wurde unter Argon mit überschüssigem $LiAlH_4$ in siedendem THF umgesetzt. Nach Abziehen des THF und Extraktion des Rückstandes mit n-Hexan und Einengen der Hexanlösung konnten wir farblose Kristalle in 45%iger Ausbeute isolieren. Diese waren jedoch so reaktiv, daß sie sich an der Luft entzündeten und sich sogar bei Raumtemperatur unter Argon allmählich unter Rotfärbung umwandelten. Somit war eine nähere analytische Charakterisierung mit den uns zur Verfügung stehenden Möglichkeiten nicht gegeben. Wir konnten die Verbindung daher nur indirekt, durch Vergleich mit dem höheren Homologen Rhenium etwas näher charakterisieren. Die von *Chatt* auf analogem Wege dargestellte Rhenium-Verbindung, das Heptahydridobisdiethylphenylphosphanrhenium, reagiert mit verdünnten Säuren wie folgt:

$$H_7Re(Et_2PhP)_2 + 4\,HCl \rightarrow ReCl_4(Et_2PhP)_2 + 5{,}5\,H_2$$

Pro Mol Hydridorheniumkomplex werden 5,5 Mole Wasserstoff freigesetzt [16]. Die Technetium-Verbindung lieferte bei der Acidolyse (HCl/THF) ebenfalls 5,5 Mole Wasserstoff pro Mol, so daß aufgrund der gleichen Stöchiometrie, jedoch unter Vorbehalt, angenommen werden kann, daß es sich bei der Technetium-Verbindung ebenfalls um ein Heptahydrid handelt.

Die beiden in Substanz isolierten Hydridotechnetiumkomplexe zeigen unterschiedliche katalytische Aktivität (s. Tab. 3). Während der Dihydridochlorotechnetiumkomplex inaktiv ist, besitzt der vermutliche Heptahydridokomplex nahezu die gleiche katalytische Aktivität wie die aus $TcCl_4(Et_2PhP)_2$ unter Wasserstoff mit $LiAlH_4$ gewonnene THF-Lösung.

Innerhalb der 7. Nebengruppe haben die Komplexe des Technetiums offenbar eine höhere Hydrieraktivität als die des Mangans und des Rheniums, soweit die einleitend beschriebenen wenigen bekannten Beispiele einen solchen Vergleich zulassen.

Die Hydrieraktivität ist jedoch geringfügig, verglichen mit den aktivsten Komplexen von Metallen der 8. Nebengruppe (Ru, Rh, Ir).

Die Autoren danken herzlich Herrn *D. Jung*, Frau *K. Penndorf* und Fr. *S. Schrader* für experimentelle Mitarbeit sowie Herrn Prof. Dr. habil. *H. Koch* für sein Interesse und fördernde Diskussionen.

Eingegangen am 1. 4. 1982

Literatur

[1] *B. R. James*, Homogeneous Hydrogenation. New York, London, Sydney, Toronto: John Wiley a. Sons 1973
[2] *C. O'Connor, G. Wilkinson*, J. chem. Soc. [London] (A) **1968**, 2665
[3] *T. A. Weil, S. Mellin, J. Wender*, J. organomet. Chem. **49** (1973) 227
[4] *E. L. Muetterties*, Chem. Engng. News **55** (1977) 59
[5] *R. L. Sweany, J. Halpern*, J. Amer. chem. Soc. **99** (1977) 8335
[6] *A. P. Chrush, A. E. Shilov*, Kinet. Katal. **10** (1969) 466
[7] *M. A. Green, J. C. Huffman, K. G. Caulton, W. K. Rybak, J. J. Ziółkowski*, J. organomet. Chem. **218** (1981) C 39
[8] *P. S. Hallman, B. R. McGarvey, G. Wilkinson*, J. chem. Soc. [London] (A) **1968**, 3143
[9] *U. Mazzi, G. De Paoli, P. Di Bernardo, L. Magon*, J. inorg. nuclear Chem. **38** (1976) 721
[10] *A. P. Ginsberg*, Inorg. Chem. **3** (1964) 567
[11] *E. O. Fischer, M. W. Schmidt*, Angew. Chem. **79** (1967) 99
[12] *L. Kaden, B. Lorenz, K. Schmidt, H. Sprinz, M. Wahren*, Z. Chem. **19** (1979) 305
[13] *L. Kaden, B. Lorenz, M. Wahren, Yu. T. Struchkov, A. S. Bazanov, H. Meyer*, Z. anorg. allg. Chem., im Druck
[14] *J. E. Fergusson, J. H. Hickford*, Austral. J. Chem. **23** (1970) 453
[15] *L. Kaden, B. Lorenz, K. Schmidt, H. Sprinz, M. Wahren*, Z. Chem. **21** (1981) 232
[16] *J. Chatt, R. S. Coffey*, J. chem. Soc. [London] (A) **1969**, 1963
[17] *L. Kaden, B. Lorenz, K. Schmidt, H. Sprinz, M. Wahren*, Isotopenpraxis **17** (1981) 174
[18] *J. E. Fergusson, J. H. Hickford*, J. inorg. nuclear Chem. **28** (1966) 2293
[19] *U. Mazzi, G. De Paoli, O. Traverso*, J. inorg. nuclear Chem. **39** (1977) 1090
[20] *U. Mazzi, A. Bismondo, N. Kotsev, D. A. Clemente*, J. organomet. Chem. **135** (1977) 177

Informationen

DDR. Neue Reports des Staatlichen Amtes für Atomsicherheit und Strahlenschutz (SAAS) der DDR:

SAAS-284 Verhalten von organischen Jodverbindungen unter Druckwasserreaktor-Unfallbedingungen (Behaviour of organic iodides under PWR accident conditions — *M. Alnee*)

SAAS-285 Einfluß der Ortsabhängigkeit des Abbrands auf berechnete mittlere Nuklidkonzentrationen (Effect of local burn-up variation on computed mean nuclide — *W. Möller*)

SAAS-287 Ein Katalog von Response-Spektren für die Entfaltung von in-situ-Gamma-Impulshöhenverteilungen (Catalogue of response spectra for unfolding in situ gamma-ray puls-height distributions — *N. Dymke*)

BRD. Das Institut für Strahlenschutz der Gesellschaft für Strahlen- und Umweltforschung mbH (GSF) hat für verschiedene Energiestrategien prognostisch die Strahlendosis ausgerechnet, der ein Mensch im Laufe seines Lebens durch ^{14}C ausgesetzt wird.

Die um 1960 geborenen Menschen erhalten durch die Atombombentests eine um ca. 15% höhere Dosis durch ^{14}C als unsere Vorfahren. Für einen nach dem Jahre 2000 geborenen Menschen wird die Belastung jedoch — je nach Energie-Szenario — im Bereich der natürlichen oder deutlich unter dieser liegen. Der Verdünnungseffekt durch massive Verbrennung fossiler Brennstoffe (*Suess*-Effekt) verhindert zunächst, daß die Strahlenbelastung durch ^{14}C, auch bei zusätzlichen Emissionen aus Kernenergieanlagen, den vorindustriellen Wert von vor 1960 übersteigt. Erst wenn die fossilen Brennstoffvorräte weitgehend erschöpft sein werden, wird sich die Dosis wieder erhöhen.

(Atomwirtschaft — April 1982)

Dänemark. In ihrem vor kurzem veröffentlichten Energieplan EP-81 anerkennt die dänische Regierung zwar den Kostenvorteil des Atomstroms gegenüber Kohlestrom sowie die umweltfreundlichere Betriebsart des Kernkraftwerks, hält aber den Bau von Kernkraftwerken im jetzigen Zeitpunkt weiterhin nicht für zweckmäßig. Der Elektrizitätsverbrauch stagniere, die Werke seien schon heute nicht voll ausgelastet, ein Bedarf an neuen Kraftwerksleistungen bestehe z. Z. nicht.

Die Gestehungskosten je kWh werden für Kern- und Kohlekraftwerke wie folgt angegeben:

	Kernenergie (LWR)	Kohle
Anlage	12,7 øre	6,2 øre
Betrieb	2,6 øre	1,2 øre
Brennstoff	7,2 øre	26,1 øre
Gesamtkosten	22,5 øre	33,5 øre

Strom aus Kernenergie kommt nach dieser Zusammenstellung um 33% billiger als Kohlestrom. Bemerkenswert ist auch, daß die bloßen Brennstoffkosten des Kohlekraftwerks höher sind als die Gesamtkosten des Kernkraftwerks.

(SVA-Bulletin)

Großbritannien. Nach Berechnungen der Central Electricity Generating Board (CEGB) sind auch im Jahr 1980/81 die Stromerzeugungskosten durch Kernenergie weiterhin billiger als die Erzeugungskosten aus anderen Primärenergiequellen, ein Trend, der bereits im Jahr 1979/80 beobachtet wurde. Als Grundlage für die Berechnungen diente der Magnox-Reaktortyp (ein Graphit-Gas-Reaktor). Die Gesamterzeugungskosten wurden wie folgt angegeben:

	1979/80	1980/81
Magnox	1,30 p/kWh	1,65 p/kWh
Kohlekraftwerk	1,56 p/kWh	1,85 p/kWh
Ölkraftwerk	1,93 p/kWh	2,62 p/kWh

Bereits im Juli 1980 wurden zu den 8 betriebenen Magnox-Reaktoren, vom CEGB betrieben, ähnliche Angaben über die Aufwendungen zur Stromerzeugung gemacht. Danach wurden bis Ende März 1980 für die bis dahin erzeugten ca. 300 Mrd. kWh Aufwendungen (einschließlich der Kapitalzinsen) in Höhe von 1,930 Mrd. £ benötigt. Für die gleiche Elektrizitätserzeugung durch kohlegefeuerte Kraftwerke würden diese Aufwendungen dagegen 2,040Mrd £ betragen haben. Die Magnox-Kernkraftwerke hätten auf diese Weise ca. 100 Mio. £ eingespart.

Noch günstiger, wenn auch noch nicht so repräsentativ, werden sich die Erzeugungskosten durch den AG Reaktor (Advanced Gas Cooled) ergeben, der sich im Vergleich mit dem modernsten Kohlekraftwerk Drax wie folgt darstellt:

	1979/80	1980/81
AGR Hinkley Point B	1,35 p/kWh	1,45 p/kWh
Drax (1. Hälfte)	1,52 p/kWh	1,87 p/kWh

Interessant ist auch die Entwicklung der prozentualen Anteile der verschiedenen Energieträger zur Stromerzeugung im Zeitraum von 1970–1980, eine Angabe, die auf eine Anfrage von Mrs. *Renée Skort* im Unterhaus zum 12. Nov. 1981 an den Energie-Minister gemacht wurde.

	Kohle*)	Erdöl	Kernenergie	Sonstige
1970	70,8%	17,1%	9,6%	2,5%
1971	65,6%	22,0%	9,9%	2,5%
1972	57,1%	28,6%	10,4%	3,9%
1973	65,1%	23,2%	9,1%	2,6%
1974	56,2%	26,6%	11,7%	5,5%
1975	64,5%	19,9%	10,6%	4,2%
1976	67,4%	15,7%	12,7%	5,0%
1977	66,7%	16,0%	13,9%	3,4%
1978	67,9%	17,0%	12,5%	2,6%
1979	70,1%	15,2%	12,4%	2,3%
1980	75,7%	9,8%	12,6%	1,9%

(Atom – 1981/1982)

*) einschließlich der Kokserzeugung

Buchbesprechungen

Stable Isotope Hydrology
Deuterium and Oxygen-18 in the Water Cycle

Technical Reports Series No. 210, STI-DOC-10/210. Vienna: IAEA 1981; 337 S., 99 Abb., 18 Tab.; kartoniert ÖS 550.–

Die IAEA veranstaltet seit Beginn der 60iger Jahre in fast regelmäßigen Abständen internationale Tagungen und Expertentreffen zu Fragen der Isotope in der Hydrologie, des Grundwassers, der Binnenseen u. ä. Themenkreise. Man kann sich fragen, ob zu den teils umfangreichen Tagungsmaterialien auch noch ein Technical Report verfaßt werden soll und wenn ja, warum. Bei einer Betrachtung des vorliegenden Bandes ist die Antwort schnell gegeben: Es bedurfte schon seit längerer Zeit einer Zusammenstellung, die mehr den theoretischen Hintergrund der Isotopenhydrologie ausleuchtet.

In insgesamt 13 Kapiteln haben 9 renommierte Experten unter der Federführung von *J. R. Gat* und *R. Gonfiantini* ein Lehrbuch der Anwendung des Deuteriums und des Sauerstoffs-18 im Wasserkreislauf geschaffen. Ausgehend von einem interessanten historischen Rückblick, werden die Eigenschaften der isotopen Wasserspezies, die Isotopenfraktionierungen, die Meßtechnik einschließlich der Probenumarbeitung auf 84 Seiten behandelt, um daran anschließend die Erscheinungen der Isotopenvariationen in einzelnen Hydrosphären näher zu untersuchen; so in der Atmosphäre, im Eis und im Schnee, im Flußwasser und in Binnenseen, im Grundwasser und in geothermalen Wässern und in Paläowässern.

Die Literatur ist mit 669 Zitaten gut belegt, wobei 59,8% aller Hinweise aus den Jahren 1970–81 stammen; das älteste Zitat, aus dem Jahre 1896, betrifft die Mechanik von Gletschern. Verglichen mit dem Erstlingswerk auf diesem Gebiet (Tritium and other Environmental Isotopes in the Hydrological Cycle) aus dem Jahre 1967 mit 20 Zitaten eine wahrhaft immense Erweiterung des Wissens auf diesem Gebiet und somit ein lohnendes Objekt, eine überschaubare Zusammenstellung der Ergebnisse vorzunehmen und zu schreiben.

Da nur die stabilen Isotope des Wassermoleküls behandelt wurden, wünschte man sich eine ähnliche Art der Darstellung auch für die radioaktiven Nuklide im Wasserkreislauf, denn in der Praxis wird i. allg. eine solche Trennung nicht vorgenommen.

Das Buch kann allen Praktikern der Isotopenhydrologie sehr empfohlen werden und dürfte auch mancher Fallstudie der Anwendung stabiler Isotope im Wasserkreislauf einen besseren Einblick in das vielseitige Geschehen der Natur des Wassers gewähren. Eine vorhandene Lücke in der Literatur wurde damit geschlossen.

H. Hübner

Angewandte Strukturtheorie

E. Stoschek. Berlin: Akademie-Verlag 1981; 196 S., 55 Abb., 30 Tab.; kartoniert M 26,–

In vielen Teilgebieten der Informationsverarbeitung spielen mengentheoretische und algebraische Begriffe, wie z.B. Äquivalenzrelation, Zerlegung, Ordnungsrelation, Graph, Gruppe, Metrik, Transformation, eine große Rolle. Diese Begriffe gehören seit langem zum klassischen Bestand der Mathematik. Sie werden aber i. allg. in verschiedenen Teilgebieten und unter Benutzung unterschiedlicher Notierungsformen behandelt.

In der vorliegenden Arbeit wird ein Ansatz für eine einheitliche Behandlung dieser Begriffe vorgestellt, indem sie als Spezialfälle einer Struktur interpretiert und in einheitlicher Form mathematisch behandelt werden. Der hierbei benutzte mathematische Apparat ist ein erweiterter Matrizenkalkül für quadratische Matrizen.

Die vorliegende Arbeit ist in 3 Kapitel untergliedert, die ihrerseits in insgesamt 120 Abschnitte aufgeteilt sind. Nach einer Einführung werden im 2. Kapitel der erweiterte Matrizenkalkül für quadratische Matrizen, einige spezielle quadratische Matrizen, einstellige Matrizenoperationen (Bildung der Transponierten, des Hauptdiagonalanteils, des symmetrischen Anteils), zweistellige Matrizenoperationen (Addition, innere und äußere Multiplikation, Bildung von

Matrizenpotenzen) und algorithmisch orientierte Matrizenoperationen (Aufwärts- und Abwärtsiteration) eingeführt. Basierend auf diesem mathematischen Apparat werden im 3. Kapitel die Struktur und einige ihrer Unterformen (transitive, antisymmetrische relationale, orthogonale Struktur) untersucht.

In der vorliegenden Publikation steht der systematische und algorithmische Aspekt im Vordergrund. Auf ausführliche mathematische Ableitungen wurde verzichtet, so daß die Darstellung knapp und auf das Wesentliche orientiert ist. Der Anwendungsaspekt kommt in dieser Arbeit durch die geringe Zahl sowie die abstrakte Art der Beispiele etwas kurz, was die Nutzung der Ergebnisse durch einen anwendungsorientierten und technisch interessierten Leserkreis einschränken dürfte.

G. Kummer

Inorganic Chemistry Concepts
Vol. 5: Modern Hot-Atom Chemistry and Its Applications

T. Tominaga, E. Tachikawa. Berlin—Heidelberg—New York: Springer-Verlag 1981. 57 Abb., 34 Tab., 154 S.; DM 98,—

Das vorliegende Buch ist neben einer kurzen Einführung in 3 Abschnitte, Experimentelle Methoden, Grundlagen der „heißen" Atom-Reaktionen, Anwendung der „heißen" Atom-Reaktionen, gegliedert.

Im experimentellen Teil wird zunächst die Erzeugung energiereicher Teilchen (Beschleuniger, photochemische Methoden, Kernrückstoß, Radiolyse) besprochen. Danach folgen die chemischen Trennverfahren

- in der Gas-Phase (Radiogaschromatographie, Radioaktivitätsmessungen)
- in kondensierter Phase (Ionenaustausch, Solventextraktion, Elektrophorese, Fällung, Sublimation)

und spezielle physikalische Nachweismethoden

- in der Gas-Phase (z.B. Massenspektrometrie)
- in kondensierter Phase (*Mössbauer*-Spektroskopie, Winkel-Korrelationen).

Den größten Teil des Buches nimmt das Kapitel Grundlagen der „Hot-Atom Chemistry" ein. Dabei wird wiederum nach Reaktionen in der Gasphase, in der flüssigen und in der festen Phase unterschieden. Bei der Besprechung der Gasphasen-Reaktionen werden notwendige theoretische Grundlagen (kinetische Theorie von *Estrup* und *Wolfgang*, die dynamische Theorie von *Keitzer*) vermittelt.

Nach einer Darstellung des Reaktionsverlaufes bei thermischen Reaktionen erfolgt die Beschreibung der Rückstoßchemie von Tritium, Fluor, Chlor, Brom, Jod, Kohlenstoff und anderen mehrfach geladenen Elementen, wie Schwefel, Silizium, Phosphor und Germanium. Die Reaktionen in der flüssigen Phase werden nach Vorgängen in organischen und anorganischen Lösungsmitteln gegliedert. Hier sind insbesondere der Käfig-Effekt, der Einfluß der Dichte sowie die „heiße" Chemie von metallorganischen Verbindungen und Komplexe der Übergangsmetalle Gegenstand der Diskussion.

Bei den Reaktionen in fester Phase stehen Fragen der Reaktionsmechanismen, Auflösungseffekte, Ausheilvorgänge, die Austauschreaktion und Reaktionen in gemischten Systemen im Vordergrund. Das letzte Kapitel befaßt sich mit der Anwendung der Hot-Atom Chemistry in der

- anorganisch-analytischen Chemie (Herstellung angereicherter Radioisotope, Rückstoßsynthesen, *Mössbauer*-Spektroskopie)
- Geochemie (Spontanspalt-Querschnitte, Ozon in der Stratosphäre)
- physikalischen Chemie (kinetische Parameter, Ion-Molekül-Reaktion)
- Biochemie und Nuklearmedizin (Radiopharmaka, Markierungsmethoden mit Kohlenstoff-11, Stickstoff-13, Fluor-18)
- Energiewirtschaft (Kernreaktoren, Abbrand, Freisetzung von Spaltgasen, Fusionsreaktoren).

Das Buch endet mit einem Ausblick auf die Zukunftsaussichten der Hot-Atom Chemistry, z.B. in Verbindung mit der Laserisotopentrennung oder der Mesonenphysik.

Insgesamt gesehen gibt das Buch einen guten Überblick über das Gesamtgebiet der modernen Hot-Atom Chemistry und deren praktische Nutzanwendung in der Radiochemie und in anderen wichtigen Wissensgebieten, wie Medizin, Biologie, Geologie und Energieerzeugung. Obwohl man im engeren Sinne unter Hot-Atom Chemistry nur die Folgechemie von Kernreaktionen und Kernzerfall versteht, sind die hier vollzogenen Querverbindungen zur Strahlenchemie, Hydrolyse, *Mössbauer*-Spektroskopie, Laserisotopentrennung und Mesonenchemie für die Einordnung des Wissensgebietes und dessen Ausstrahlung durchaus interessant.

Diese Monographie ist für „Nichtspezialisten" geschrieben, verzichtet aber auf die Darstellung elementarer Grundlagen. Es wird umfangreiches Faktenwissen vermittelt, so daß dem weniger Sachkundigen manches schwer verdaulich sein wird. Das Buch kann Studenten der Radiochemie und Radiophysik sowie Physikern, Chemikern, Nuklearmedizinern, Biologen empfohlen werden.

H. Koch

Funktionelle Biochemie des Menschen

E. Hofmann. Berlin: Akademie-Verlag [2]1981, Bd. 1: 305 S., 62 Abb., 22 Tab.; Bd. 2: 337 S., 47 Abb., 14 Tab. (WTB Bd. 128 u. 129) je M 12,50

Die starke Nachfrage nach den Bänden 128 und 129 der Reihe Biologie der Wissenschaftlichen Taschenbücher des Akademie-Verlags führte drei Jahre nach der Erstveröffentlichung zu einer zweiten Auflage. Die Gliederung des Fachgebietes „Funktionelle Biochemie", das entgegen früheren Abgrenzungen (z.B. in *S. M. Rapoport*, Medizinische Biochemie, Berlin, Volk und Gesundheit, 7. Auflage 1977) auch Vitamine und Ernährung einschließt, wurde bereits bei der Besprechung der ersten Auflage vorgestellt (Isotopenpraxis **16** (1980) 36).

Es bestand kein Anlaß, die gelungene knappe und übersichtliche Darstellungsweise dieses vielschichtigen Fachgebietes zu ändern. Der Leser lernt, interdisziplinäre Zusammenhänge zu verstehen, und wird zum Mitdenken angeregt, da auch neuere Forschungsergebnisse zur Diskussion gestellt werden. Wesentlich erscheint weiterhin die Kopplung der normalen Biochemie des Menschen mit pathophysiologischen Aspekten. Die 109 Abbildungen (Schemata, Kurven und Formeln) und 36 Tabellen tragen wesentlich zum didaktischen Konzept dieser Einführung bei.

Einem Rezensenten für die „Isotopenpraxis" muß einschränkend auffallen, daß die Bedeutung isotopentechnischer Forschungsmethoden für die funktionelle Biochemie nicht hinreichend gewürdigt erscheint. In einer 3. Auflage läßt sich in dieser Hinsicht sicherlich einiges nachholen, ebenso wie bezüglich einer konsequenten Berücksichtigung der SI-Einheiten.

P. Krumbiegel

Bioorganic Chemistry
A Chemical Approach to Enzyme Action

H. Dugas u. C. Penney, New York—Heidelberg—Berlin: Springer 1981 (Springer Advanced Texts in Chemistry, hrsg. von C. R. Cantor) 508 S., 82 Abb.; DM 59,—

Der Herausgeber dieser Springer-Serie sagt in einem Vorwort, daß es an Lehrbüchern besonders auf den Gebieten mangelt, die sich sehr schnell entwickeln. Wollte man hier eine Lücke schließen, dann ist dies nur durch die Gewinnung von Autoren möglich, die inmitten des entsprechenden Wissensgebietes arbeiten und am Fortschreiten des Wissens unmittelbar beteiligt sind. Daß es schwer ist, solche Autoren zu finden, sei nur am Rande vermerkt.

Die beiden Autoren teilen ihr Buch in insgesamt 7 Kapitel ein, wobei 3 Kapitel mehr allgemeinen Charakter haben — eine Einführung, die bioorganische Chemie der Aminosäuren und der Phosphate — und die restlichen 4 Kapitel voll dem Anliegen des Buches, nämlich der Enzym-Aktion, gewidmet sind (S. 179—479).

Wenn schon die moderne organische Chemie mitunter recht komplizierte Einsichten in das mechanistische Geschehen der Reaktionspartner gewährt und ein aktives Mitdenken vom Leser verlangt, so ist hier ein Kapitel aufgeschlagen, das neben diesen nukleophilen und elektrophilen Wechselwirkungen, den π-Komplexen und Nachbargruppeneffekten auch spezifisch stereochemische und komplexchemische Besonderheiten berücksichtigt. Außerdem werden die Reaktanden in einer ziemlich stabilen Lage festgehalten, die einem feststoffähnlichen Verhalten gleichkommen können. Gerade diese Tertiärstrukturen der Reaktionsteilnehmer deutlich zu machen, ist in den vielen dargestellten Reaktionsabläufen gelungen. Erstaunlich ist, daß die Autoren nur sparsam Gebrauch machen von der Beweisführung für dieses oder jenes Ergebnis; weder reaktionskinetische noch isotopische Beweise werden — bis auf wenige Ausnahmen, beispielsweise auf S. 231, wo die Positionen des ^{14}C in Squalen angegeben werden — aufgeführt. Dies macht mitunter den Eindruck des endgültig Bewiesenen, wo es sozusagen keine anderen Deutungen mehr geben kann.

Besonders hervorzuheben ist die Aktualität, mit der die Literatur zitiert und verarbeitet wurde. Von den insgesamt 384 Literaturhinweisen entfallen 60,6% auf die Jahre 1975—1980. Daß das Buch allein dadurch für den aktiv arbeitenden Wissenschaftler auf dem Gebiet der Biochemie, insonderheit der Enzymforschung, eine Fundgrube an Hinweisen darstellt, ist selbstverständlich. Dem Theoretiker auf dem Gebiet der Isotopieeffekte biologischer Reaktionen ist es insofern ein wertvolles Buch, weil ihm Überlegungen zu möglichen Übergangsstrukturen angeboten werden. Der fortgeschrittene Student und Doktorand sollte das Buch zu Rate ziehen, denn es ist eine moderne, gelungene Annäherung — wie es im Untertitel heißt — an die bioorganische Chemie.

H. Hübner

Radiopharmaceuticals-
Structure—Activity Relationships

R. P. Spencer (ed.) New York—London—Toronto—Sidney—San Francisco: Grune and Stratton 1981; 843 S., gebunden

Die Entwicklung radioaktiver Agentien zur Abbildung von Organen zum Studium von Funktionsabläufen und zur internen Strahlentherapie ist in ein entscheidendes Stadium eingetreten. In zunehmendem Maße werden Radiotracer benötigt, die auf Grund spezifischer Wechselwirkungen mit Biostrukturen selektiv in bestimmten Geweben angereichert werden.

Rationelle Entwicklungskonzeptionen setzen daher Kenntnisse über die Zusammenhänge zwischen der chemischen Struktur des Radiopharmakons und der Bioverteilung voraus.

Im vorliegenden Buch werden Vorträge führender Wissenschaftler, die zu diesem Problemkreis auf einem Symposium in Hartford, USA, gehalten wurden, zusammengefaßt. Sie vermitteln ein nahezu vollständiges Bild über den gegenwärtigen Stand und über die Zielvorstellungen der einzelnen Gruppen. Sämtliche Artikel gehen von einer Einschätzung der gegenwärtigen Entwicklung aus, bewerten die vorliegenden kritisch und diskutieren Ansatzpunkte für die weitere Entwicklung. Die einzelnen Beiträge sind in fünf Abschnitte gegliedert. Im ersten Abschnitt über grundlegende Aspekte der Struktur-Aktivitätsbeziehungen werden neben einer Einführung solche modernen Konzeptionen wie Rezeptorbindung als Basis für die Radiopharmakaentwicklung, selektive Enzyminhibitoren und Suicidsubstrate, Prinzipien der rationellen Radiopharmakaentwicklung sowie Faktoren, die die Radiopharmakaverteilung beeinflussen, diskutiert.

Der zweite Abschnitt ist den radioaktiven Metallen und organometallischen Verbindungen gewidmet. Hier sind Arbeiten über Eisen, Gallium, cancerostatische Platinkomplexe, Rutheniumverbindungen, Porphyrine u. a. eingeordnet. Nicht ganz folgerichtig sind hier auch die Arbeiten zu Arsenverbindungen, metanotropen und cardiotropen Radiopharmaka und Se- bzw. Te-Verbindungen eingeordnet.

Im Abschnitt über fettlösliche Materialien wird über neue Entwicklungen zur Nebennierendiagnostik, andere Steroidtracer sowie über Liposomen und Markierung lebender Zellen berichtet.

Im vierten Abschnitt wird zum Stand der osteotropen, hepatobiliären, rethiculosendothelialen und nierenaffinen Radiopharmaka, Tracer für die Neuroregulation, Alkalikation u. a. berichtet.

Abschnitt 5 enthält schließlich Zusammenfassungen zu Cyclotronnukliden mit besonderer Beachtung der Kohlenhydrate und Aminosäuren.

Als Konferenzmaterial gedruckt enthält das Buch natürlich eine ganze Reihe von Überschneidungen bei den einzelnen Beiträgen, konträre Auffassungen zu bestimmten Fragen und auch typographische Fehler. Sie mindern jedoch in keiner Weise die große aktuelle Bedeutung des Materials.

Das kurzfristig vom Verlag herausgegebene Material ist eine außerordentliche Hilfe für alle, die auf dem Gebiet der Radiopharmakaentiwcklung und -anwendung arbeiten.

R. Münze

Materials in World Perspective

D. G. Altenpohl. Berlin—Heidelberg—New York: Springer-Verlag 1980; XV, 220 S., 33 Abb., 40 Tab.; gebunden DM 64,—; US-$ 37,80

Das vorliegende Buch eröffnet eine Schriftenreihe unter dem Titel „Materials Research and Engineering", die sich aus einer vorangegangenen und inzwischen abgeschlossenen Serie über „Pure and Applied Metallurgy" entwickelt hat, ohne jedoch deren Fortsetzung zu sein. Sein Hauptanliegen ist die Vermittlung eines allgemeinen Überblicks über die Verfügbarkeit der wichtigsten Werkstoffe, deren Herstellung und Verwendung unter dem

Gesichtswinkel der derzeitigen Entwicklung von Wissenschaft und Technik.

In sechs Kapiteln wird auf die Rolle der Werkstoffe in der Weltwirtschaft, die gegenwärtige Struktur und Trends der Grundstoffindustrie, die Planung und Bewertung von Technologien sowie die Forschungs- und Entwicklungsrichtungen eingegangen. Die in die Betrachtungen einbezogenen Werkstoffe sind Eisen und Stahl, Aluminium, Kupfer, Zement und Beton, Plaste, Holz und Holzprodukte sowie einige gegenwärtig an Bedeutung gewinnende Materialien wie Verbund- und metallkeramische Werkstoffe und Speziallegierungen.

Der Autor stellt in sehr übersichtlicher und verständlicher Form die Abhängigkeiten und Wechselwirkungen zwischen Rohstoffsituation, Energiewirtschaft und Umwelt sowie sich daraus ergebende neue Denkweisen und Verantwortlichkeiten bei der weiteren Entwicklung der Volkswirtschaften dar. Dabei zeigt er die entstandenen Diskrepanzen und Kontroversen auf und unternimmt den Versuch zu deren Bewertung aus der Sicht des nichtsozialistischen Wirtschaftsgebietes.

Das Buch ist für einen großen Leserkreis aus den verschiedensten Disziplinen von Wissenschaft, Technik und Wirtschaft gedacht und geeignet.

J. Holzhey

Complex Hydrides and Related Reducing Agents in Organic Synthesis

A. Hajos, Budapest: Akademiai Kiado 1979, 398 S., 13 Tab.; gebunden M 161,25

Das Buch gibt eine umfassende Darstellung der vielfältigen Synthesemöglichkeiten in der organischen Chemie mit hydridischen Reduktionsmitteln. Es werden nicht nur die bekannten komplexen Bor- und Aluminiumhydride, ihre Darstellung und ihre Reaktionsweisen mit den verschiedensten funktionellen Gruppen ausführlich und mit eingehenden Literaturhinweisen bis 1977 (z. B. 350 über Borhydride, 438 über Aluminiumhydride) besprochen, sondern auch Alkali- und Erdalkalihydride, Diboran, Alan, Silan mit ihren Derivaten und die Organozinnhydride. Besonders anregend erscheint das Kapitel über erste Ergebnisse mit Übergangsmetallhydriden, insbesondere Carbonylhydridoferraten und -chromaten sowie Hydridocupraten, wo noch überraschende Entwicklungen zu erwarten sind.

Die mit ^{2}H markierten Reduktionsmittel und ihre Anwendungen sind begrüßenswert vollständig aufgeführt, dagegen werden die allerdings in der Literatur spärlichen Beispiele mit ^{3}H nicht erwähnt.

Großes Gewicht wird auf die exakte Darstellung der erreichbaren Selektivität bei Reduktionen polyfunktioneller Verbindungen und auf die erzielten Ergebnisse bei stereoselektiven Reduktionen, einschließlich der Verwendung von chiralen Komplexen, gelegt. Hier bietet das Buch dem Synthetiker eine Fülle sonst weit verstreuter wertvoller Informationen in komprimierter Form, die durch übersichtliche Formeln und Tabellen auch gut lesbar und verständlich ist.

Ein ausführliches Sachregister erhöht den Wert des Buches als verläßliches Nachschlagewerk. Einband und Papierqualität versprechen gute Haltbarkeit auch am Arbeitsplatz.

Der relativ hohe Preis wird zwar der diesem Buch zu wünschenden weiten Verbreitung entgegenwirken, es stellt aber ein kaum zu ersetzendes Arbeitsinstrument für präparativ arbeitende Organiker dar und sollte in keiner chemisch orientierten Bibliothek fehlen.

M. Wahren

Ion -Selective Electrodes, 3
Third Symposium held at Mátrafüred, Hungary, 13–15 October, 1980

Hrsg. von E. Pungor und I. Buzás, Budapest: Akadémiai Kiadó 1981, IX + 428 S., div. Abb. u. Tab.; Leinen Ft 465,–

Das vorliegende Buch ist nach den beiden 1972 und 1977 erschienenen Symposiumsbänden und dem Kongreßband von 1978 die vierte Edition des ungarischen Akademieverlages zu einer wissenschaftlichen Veranstaltung über ionenselektive Elektroden. Dieser Band enthält die Materialien eines Symposiums, das im Oktober 1980 in Mátrafüred stattfand und an dem 66 Wissenschaftler aus 16 Ländern teilnahmen; er erscheint gleichzeitig bei der Elsevier Scientific Publishing Company (Amsterdam) in der Reihe „Analytical Chemistry Symposia Series".

Insgesamt sind 32 Beiträge enthalten, unterteilt nach Plenar-, Haupt- und Diskussionsvorträgen. Die Plenarvorträge (84 Seiten) behandeln das thermodynamische Verhalten ionenselektiver Elektroden einschließlich der Bestimmung thermodynamischer Größen von Elektrolytlösungen (*R. G. Bates*), die Anwendung von Impedanzmessungen zur Untersuchung dieser Elektroden und der Membranmaterialien (*R. P. Buck*), weiterhin Untersuchungen an Grenzflächen nicht mischbarer Elektrolytlösungen einschließlich elektroanalytischer und biophysikalischer Anwendungen (*J. Koryta*) sowie die Ionenpermeation und den gekoppelten Ionentransport durch neutrale *Carrier*membranen (*W. Simon* und Mitarbeiter). In den Hauptvorträgen (88 Seiten) wird über röntgenphotoelektronenspektroskopische Untersuchungen an Oberflächen Kupfer(II)-selektiver Elektroden (*M. F. Ebel*) berichtet, über Selektivitätsprobleme und Interferenzen bei ionenselektiven Elektroden (*A. Hulanicki*) sowie über verschiedene Verbesserungen und Entwicklungen auf dem Gebiet selektiver Elektroden (*J. D. R. Thomas*). *E. Pungor* und Mitarbeiter untersuchten das dynamische Verhalten dieser Elektroden, und *Yu. G. Vlasov* beschreibt physikalische und chemische Eigenschaften von Materialien für Festkörpermembranelektroden sowie damit im Zusammenhang stehende Probleme der Elektro- und Festkörperchemie. Den umfangreichsten Teil des Buches (130 Seiten) bilden die Diskussionsvorträge. Hierin überwiegen analytische Anwendungen sowie theoretische und experimentelle Untersuchungen zur Selektivität, zum dynamischen Verhalten der Elektroden und zum Einfluß störender Ionen. Daneben stehen physikalisch-chemische Untersuchungen von Membranmaterialien und Beschreibungen neuer Elektrodenmaterialien und -konstruktionen. Erwähnenswert sind z. B. die unter dem Einfluß der technologischen Entwicklung entstandenen ionenselektiven Feldeffekttransistoren (ISFETs) und die sogenannte „all-solid state" Elektrode mit integrierter Elektronik. Es folgt die Aufzeichnung einer Podiumsdiskussion zu Problemen der Standardisierung und der Klassifizierung ionenselektiver Elektroden (7 Seiten).

Insgesamt gibt der Band einen Überblick sowohl über den aktuellen Stand, als auch über neuere Entwicklungen und Probleme auf dem Gebiet ionenselektiver Elektroden. Das Buch kann jedem auf diesem Gebiet arbeitenden

Wissenschaftler, wie auch jedem Anwender und darüber hinaus interessierten Analytikern empfohlen werden. Die z. T. sehr umfangreichen Literaturverzeichnisse (bis zu 71 Zitate) zu den einzelnen Beiträgen erleichtern den Zugang zu weiterführender Literatur. Sehr zu begrüßen ist die Aufnahme eines Sachwortverzeichnisses in diesen Band, was sonst bei der Veröffentlichung von Tagungsmaterialien selten der Fall ist. Im Gegensatz dazu dürften die zu fast allen Beiträgen abgedruckten Diskussionen für den Leser kaum von Gewinn sein.

K.-H. Lubert

Methods of Low-Level Counting and Spectrometry Proc. of a Symposium, Berlin (West) 6.–10. April 1981

Proc. Series, IAEA-STI/PUB/592, Vienna 1981, 558 S., div. Abb. und Tab.; kartoniert ÖS 860,–

Dieser Band enthält 40 Vorträge, die auf einem internationalen Symposium vom 6.–10. 4. 1981 in Berlin-West zu obigem Thema gehalten wurden und an dem etwa 200 Wissenschaftler aus 34 Ländern teilnahmen. Die Beiträge beschäftigen sich in erster Linie mit Problemen und dem in den Labors erreichten Stand auf den Gebieten der γ-Spektrometrie, der α- und β-Spektrometrie und -Zähltechnik, der Bestimmung von Aktiniden und ^{99}Tc, der Tritium- und ^{14}C-Analytik und neuen Methoden der Low-Level-Meßtechnik. Sie enthalten sowohl seit langem angewandte, aber weiter ausgeführte Meßprinzipien als auch Beispiele für neue Techniken, die erst seit wenigen Jahren in der Diskussion sind. Die Tagung kann in gewissem Sinne als Nachfolger der letzten diesbezüglichen IAEA-Konferenz von 1967 in Monaco gelten. Da viele Probleme der Low-Level-Meßtechnik auch im Zusammenhang mit der Forschung mit Umweltradionukliden in spezifischen Fachtagungsreihen behandelt wurden und das Gebiet sehr breit geworden ist, wäre eine stärkere Einbeziehung von Reviews und Trendanalysen wünschenswert gewesen. Die instrumentelle Seite wurde betont. Die schnelle Entwicklung der modernen Elektronik und Mikrorechentechnik hat wesentlich zur Verbesserung des Instrumentariums beigetragen. Die spektroskopischen Methoden wurden weiter favorisiert. In der Low-Level-γ-Spektroskopie dominieren die Ge(Li)-Detektoren, wobei häufig große NaJ(Tl)-Detektoren zur Abschirmung oder *Compton*unterdrückung verwendet werden. Hier werden solche extrem niedrigen Nulleffekte wie z. B. 0,00048 ipm/keV bei 1 MeV für die zerstörungsfreie Analyse von Umweltproben erreicht. Ein wesentliches Problem besteht in der Minimierung des Probenbedarfs. So entstehen in verschiedenen Labors miniaturisierte Zählrohre für Probenmengen von z. B. 10 mg C, die über ausreichende Langzeitstabilität verfügen und in großer Stückzahl betrieben werden können. Offenbar stellen sie eine Antwort auf die Entwicklungen auf dem Gebiet der Beschleuniger-Massenspektrometrie dar. Die diesbezüglich lediglich zu ^{14}C gemachten Ausführungen zeigen, daß diese Technik trotz der verlockenden Eigenschaften immer noch auch eine Reihe von Problemen in sich birgt. Für ^{14}C-Messungen höherer Präzision dominieren die Zählrohr- und LSC-Systeme. In der LSC wurde eine Empfindlichkeitssteigerung vorwiegend durch verbesserte Abschirmungen und größere Meßküvetten erreicht. So kommt man z. B. bei einem Volumen von 170 ml bei Emulsionsmessung von ^{3}H in vielen Fällen ohne Voranreicherung aus bzw. kann man >5 g C in Form von CO_2 absorptiv im Cocktail binden.

Durch Empfindlichkeitssteigerung bei Massenspektrometern für die He-Isotopenanalyse gewinnt die Tritiummessung über ^{3}He immer mehr Alternativbedeutung zur Zählrohrtechnik. Die gegenwärtige Nachweisgrenze eines solchen Systems wurde mit 0,02 pCi/g bei 1 Monat Wartezeit und für eine 3-g-Probe angegeben.

Mittels Mitfällung und selektiver Laseranregung wird für die Messung von Plutonium eine Empfindlichkeit von $<10^6$ Atome erwartet. Das ist um zwei Größenordnungen besser als die der radiometrischen Verfahren.

Insgesamt ist dieser Proceedings-Band eine wertvolle Sammlung moderner Ergebnisse, aus denen nicht nur für den unmittelbar angesprochenen Meßtechniker auf dem Gebiet der Erforschung der Verbreitung von Radionukliden in der Natur viele wertvolle Anregungen meßtechnischer und teilweise auch probenpräparativer Art entnommen werden können.

R. Trettin

Contents of this Issue

Articles

Letters to the Editor

FSC
www.fsc.org
MIX
Papier | Fördert gute Waldnutzung
FSC® C083411

Zeitfracht Medien GmbH
Ferdinand-Jühlke-Straße 7
99095 Erfurt, Deutschland
produktsicherheit@kolibri360.de